Bodenindikatoren nach DIN 32984

mit 65 Abbildungen und 3 Tabellen

Dipl.-Ing. Bernhard Kohaupt

Architekt und Stadtplaner

RM Rudolf Müller

Bibliografische Information der Deutschen Nationalbibliothek
Die Deutsche Nationalbibliothek verzeichnet diese Publikation in der Deutschen Nationalbibliografie; detaillierte bibliografische Daten sind im Internet über http://dnb.d-nb.de abrufbar.

Maßgebend für das Anwenden von Regelwerken, Richtlinien, Merkblättern, Hinweisen, Verordnungen usw. ist deren Fassung mit dem neusten Ausgabedatum, die bei der jeweiligen herausgebenden Institution erhältlich ist.

Das vorliegende Werk wurde mit größter Sorgfalt erstellt. Verlag, Herausgeber und Autoren können dennoch für die inhaltliche und technische Fehlerfreiheit, Aktualität und Vollständigkeit des Werkes keine Haftung übernehmen.

Wir freuen uns, Ihre Meinung über dieses Fachbuch zu erfahren. Bitte teilen Sie uns Ihre Anregungen, Hinweise oder Fragen per E-Mail: fachmedien.architektur@rudolf-mueller.de oder Telefax: 0221 5497-6141 mit.

Lektorat: Friederike Daenecke, Zülpich
Umschlaggestaltung: Satz+Layout Werkstatt Kluth, Erftstadt
Satz: Hardy Kettlitz, Berlin

Druck und Bindearbeiten: Westermann Druck Zwickau GmbH, Zwickau

Printed in Germany

ISBN 978-3-481-04329-2 (Buch-Ausgabe)
ISBN 978-3-481-04330-8 (E-Book-Ausgabe als PDF)
ISBN 978-3-481-03316-3 (Buch-Kombi aus „Barrierefreie Verkehrs- und Außenanlagen“ + „Bodenindikatoren nach DIN 32984“)
ISBN 978-3-481-03317-0 (E-Book-Kombi aus „Barrierefreie Verkehrs- und Außenanlagen“ + „Bodenindikatoren nach DIN 32984“)

FSC www.fsc.org
MIX
Papier aus verantwortungsvollen Quellen
FSC® C110508

Bernhard Kohaupt

Bodenindikatoren nach DIN 32984

Vorwort

Sehbeeinträchtigte und blinde Menschen stellen an den öffentlichen Raum sowie an Verkehrsanlagen besondere Anforderungen, die bei der Planung zu berücksichtigen sind. Der vorliegende Ergänzungsband soll dazu eine Hilfe sein und den aktuellen Stand der Diskussion zusammenfassen.

Diese Menschen benötigen eindeutige Strukturen und Zeichen, um sich in ihrer Umwelt orientieren und bewegen zu können. Das gilt dort, wo sie sich auskennen, aber in besonderem Maße dort, wo ihnen die Situation fremd ist. Im öffentlichen Raum oder im Verkehr sind die vorhandenen Strukturen und Signale aber selten ausreichend und oft zu unübersichtlich. Durch den sich bewegenden Verkehr entstehen zusätzliche Herausforderungen und Gefährdungen. Deshalb müssen hier besondere Orientierungshilfen angeboten werden, neben akustischen Signalen sind dies vor allem Bodenindikatoren.

Bodenindikatoren sollen vor Gefahren warnen, Wege zeigen, aber auch Situationen verdeutlichen. Es reicht nicht aus, dass sie nur vorhanden sind, sie sind Zeichen, die gelesen und interpretiert werden müssen. Das kann nur gelingen, wenn sie nach einer einheitlichen Systematik angeordnet werden. Ein solches System wurde 2011 für Deutschland mit der DIN 32984 formuliert. Für viele Situationen waren diese Regeln aber nicht eindeutig genug, deshalb wurde die Norm überarbeitet und im Dezember 2020 neu veröffentlicht.

Mit unserem Buch „Barrierefreie Verkehrs- und Außenanlagen" hatten wir 2015 die Anforderungen an den barrierefreien öffentlichen Raum und barrierefreie Verkehrsanlagen beschrieben. Dabei ging es vor allem um die funktionalen Beziehungen und um barrierefreie Mobilität und Bewegungen im öffentlichen Raum, wie sie jetzt in der Europanorm DIN EN 17210 „Barrierefreiheit und Nutzbarkeit der gebauten Umgebung – Funktionale Anforderungen" beschrieben werden. Die in der DIN 18040 jeweils vorangestellten Schutzziele formulieren ähnliche Grundanforderungen, allerdings wesentlich kürzer. Die dann folgenden Maße und Grenzwerte, um diese Schutzziele zu erreichen, haben eher physiologische Begründungen, ob für den Bewegungsraum, die Bodenbeschaffenheit oder für Bodengefälle. Im Grunde hat jeder Mensch, ob nun behindert oder nicht, seine individuellen Fähigkeiten und Grenzen.

Die im Buch „Barrierefreie Verkehrs- und Außenanlagen" genannten Maße und Grenzwerte beruhen auf den Vorgaben der DIN 18040. Sie können aber immer durch andere Maßnahmen umgangen oder – wie z. B. das Gefälle einer Rampe – im Einzelfall auch gegen andere Faktoren abgewogen werden. Dies gilt sicher auch für die genauen Maße von Bodenindikatoren.

Aber um sie als Zeichen eindeutig interpretieren zu können, muss ihre Systematik stimmen. Abweichungen führen zu falschen Interpretationen und Missverständnissen. Deshalb ist es wichtig, dass die Planung dieser einheitlichen Systematik folgt.

Nach der Novellierung der DIN 32984 hat der nun vorliegende Ergänzungsband daher das Ziel, die Regelungen zu den Bodenindikatoren noch einmal auf dem aktuellen Stand zusammenzufassen.

Ergänzt haben wir im vorliegenden Band einige Aspekte, die planerisch nur schwer zu lösen sind, in der Norm aber nicht oder nicht ausreichend behandelt werden, vielleicht in einer Norm auch nicht abschließend behandelt werden können. So ist beispielsweise in schmalen ländlichen Ortsdurchfahrten oft der Platz nicht ausreichend für eine Standardlösung, dennoch muss auch hier die Interpretation der Bodenindikatoren eindeutig sein.

Bedanken möchten wir uns bei allen, die Fotos oder Pläne zur Verfügung gestellt haben. Besonderer Dank gilt dem Kreisausschuss und der Lokalen Nahverkehrsgesellschaft des Kreises Groß-Gerau, die die Regelungen des Normentwurfs und dann der verabschiedeten DIN 32984 schon im Voraus und konsequent umgesetzt haben. In der Diskussion der begleitenden Arbeitsgruppe mit Vertretern auch aus den Kommunen entstanden Musterzeichnungen, die für dieses Heft zur Verfügung gestellt wurden. Sie ermöglichten auch eine differenziertere Darstellung der Variationsmöglichkeiten beim Umgang mit visuellen Kontrasten. Hier bieten sich deutlich größere Spielräume als meist genutzt. Ein besonderer Dank gilt Herrn Keipinger von der Lokalen Nahverkehrsgesellschaft, der die Entwicklung der Musterzeichnungen mit viel Engagement vorangetrieben hat.

Frankfurt, im August 2021

Bernhard Kohaupt
Johannes Kohaupt

Hinweis zu den Verweisen:

Die Gliederung des vorliegenden Ergänzungsbandes orientiert sich an der DIN 32984, entspricht aber auch weitgehend der Gliederung im Buch „Barrierefreie Verkehrs- und Außenanlagen". Die zahlreichen Verweise auf das entsprechende Kapitel im Buch erleichtern das Nachvollziehen der aktuellen Neuerungen. Diese sind mit einem **Pfeil** → gekennzeichnet.

Inhalt

1 Bodenindikatoren und Normen

Menschen, die nicht oder nur wenig sehen können, orientieren sich an den ihnen zugänglichen Strukturen ihrer Umwelt. Das können Gebäudekanten, Belagwechsel oder Verkehrsgeräusche sein; insbesondere Borde sind wichtige Orientierungslinien. Dazu nutzen sie ihr Gehör, ihren Tastsinn (auch mithilfe des Stockes) und gegebenenfalls auch den Geruchssinn. Für Personen mit sehr starker Sehbehinderung hat die visuelle Orientierung aber oft noch eine große Bedeutung. Vor allem dann, wenn die Sehkraft erst spät oder allmählich nachlässt, sind sie nicht so geübt, andere Sinne zu nutzen. Selbst die geringste Wahrnehmung eines Lichtscheins wird dann noch zu Hilfe genommen. Deshalb benötigen diese Personen deutliche optische Kontraste. Wo die vorgefundenen Strukturen nicht ausreichen, um den Weg zu finden, oder wo sie mehrere Interpretationen zulassen, ist die Unterstützung durch besondere Bodenindikatoren erforderlich.

Bodenindikatoren haben eine doppelte Funktion. Zum einen weisen sie auf etwas hin, sagen also etwa: „Achtung!", „Pass auf!" oder „Hier ist etwas". Das kann ein mögliches Ziel, aber auch eine Gefahr sein. Dazu müssen Bodenindikatoren beim Vorbeigehen auf sich aufmerksam machen und dürfen nicht versehentlich überlaufen werden. Zum anderen haben sie Zeichencharakter. Das heißt, an ihrer Form und Anordnung muss ablesbar sein, auf was sie aufmerksam machen sollen: ob etwa eine Gefahr geradeaus oder ein Ziel seitwärts liegt.

Für die erste Funktion ist die genaue Form der Bodenindikatoren nicht wichtig; von Bedeutung ist nur, dass man auf sie aufmerksam wird. Die Bodenindikatoren müssen sich also deutlich vom Umgebungsbelag unterscheiden: Für blinde Menschen müssen sie taktil, also mit den Füßen oder dem Langstock wahrnehmbar sein, und für Personen mit Sehbehinderung visuell. Wenn die Norm Mindestmaße und Struktur der Bodenindikatoren vorschreibt, dann immer im Kontext mit dem Umgebungsbelag bzw. dem Begleitstreifen.

Die zweite Funktion der Bodenindikatoren als Zeichen beruht auf Vereinbarung. Den Rippen und Noppen und ihrer Anordnung wird eine bestimmte Bedeutung zugeordnet. Bodenindikatoren können diese Funktion nur erfüllen, wenn ihre Anordnung genau nach bekannten Regeln erfolgt. Blinde und sehbehinderte Menschen müssen diese Zeichen „lesen" können, und das funktioniert nur, wenn sie regelgerecht verlegt wurden. Anders verlegte Bodenindikatoren führen zu falscher Interpretation oder Missverständnissen. Damit sind auch hohe Ansprüche an den Planer gestellt, der diese Regeln anwenden soll.

In der DIN 32984:2020-12, „Bodenindikatoren im öffentlichen Raum", ist die Bedeutung der Zeichen festgelegt, auf die man sich geeinigt hat. Diese Festlegung ist durchaus willkürlich und könnte auch anders sein. Andere europäische Länder haben hier abweichende Vereinbarungen. In Deutschland zeigen z. B. Rippen vor Überquerungsstellen die Querungsrichtung, in Österreich verlaufen die Rippen senkrecht dazu.

Die beschriebene Systematik wurde für Deutschland mit der DIN 32984 im Jahre 2011 eingeführt. In ihrer Vorgängernorm von 2000 waren nur Rillenplatten enthalten; die damit möglichen Aussagen waren entsprechend begrenzt. Mit der Novellierung der DIN 32984 vom Dezember 2020 wurde die Systematik von 2011 nicht mehr verändert, vielmehr gab es Ergänzungen und Klarstellungen für spezielle Situationen, für die die Regelungen nicht einfach übertragbar oder verständlich waren.

Die Norm für Bodenindikatoren bezieht sich nun auf die DIN-Reihe 18040, insbesondere auf deren Teil 3, in der die *„grundlegenden technischen Voraussetzungen an die Barrierefreiheit"* (DIN 32984:2020-12, Abschnitt 1) geregelt sind. 2011 war dieser Bezug nicht möglich: Es gab die DIN 18040-3:2014-12 noch nicht und die damals noch gültige DIN 18024-1 von 1998 behandelte Barrierefreiheit nur unter dem Gesichtspunkt von Rollstuhlnutzern und Menschen mit Gehbehinderungen – abgesehen von dem abstrakten Hinweis, dass taktile und visuelle Kontraste erforderlich sind. Heute kann sich die DIN 32984:2020-12 deshalb darauf beschränken, nur die Form, Anordnung und Bedeutung der Bodenindikatoren zu regeln. Formen von Querungsstellen und Bordhöhen oder Konflikte mit Radwegen sind dagegen Fragen, die die Barrierefreiheit allgemein betreffen.

2 Oberflächenstruktur der Bodenindikatoren (➔ Kap. 3.2.1)

Bodenindikatoren müssen mit dem Langstock und möglichst auch mit den Füßen erkennbar und vom Umgebungsbelag unterscheidbar sein. Die Unterscheidung erfolgt taktil, eventuell aber auch akustisch

- mit den Füßen beim Betreten,
- mit dem Langstock beim Darüberstreichen oder Daraufttippen.

Es werden in der Regel zwei verschiedene Strukturen verwandt: Rippen und Noppen. Der lichte Abstand der erhöhten Strukturen muss so groß sein, dass auch Langstöcke mit einer großen Kugel an der Spitze zwischen die Strukturen passen. Die Breite der Rippen oder Noppen ist für die Taktilität dagegen von untergeordneter Bedeutung.

Die DIN 32984:2020-12 nennt für die Oberflächenstruktur die Maße, die in Tabelle 1 beschrieben sind. Sie weichen nur bei den Noppen von der Vorgängernorm von 2011 ab. Der Grund für diese Änderung ist, dass bei den Noppenplatten künftig eine diagonale Anordnung Standard ist. Bisher galt für Auffindestreifen eine orthogonale Anordnung als Regelfall, und auf dieser Form beruhten die Maße in der Tabelle. Damals galten orthogonale Noppen als leichter überrollbar. Nach einer Untersuchung der Bundesanstalt für Straßenwesen (BASt) ist hierfür eher die Form der Noppen maßgeblich, nicht ihre Anordnung. Wesentlich gravierender ist dagegen, dass diagonal angeordnete Noppen sich als deutlich leichter ertastbar erwiesen haben (Bordsteinkanten mit einheitlicher Bordhöhe und Bodenindikatoren an Überquerungsstellen. In: Berichte der BASt, Heft V242).

Durch die Definition einer Messebene, die 1 mm unter der Oberkante bzw. dem Scheitelpunkt der Noppen liegt, werden Messfehler durch Profilrundungen berücksichtigt (siehe Abb. 1).

2.1 Rippenstruktur

Die Rippen haben einen trapezähnlichen Querschnitt mit folgenden Abmessungen:

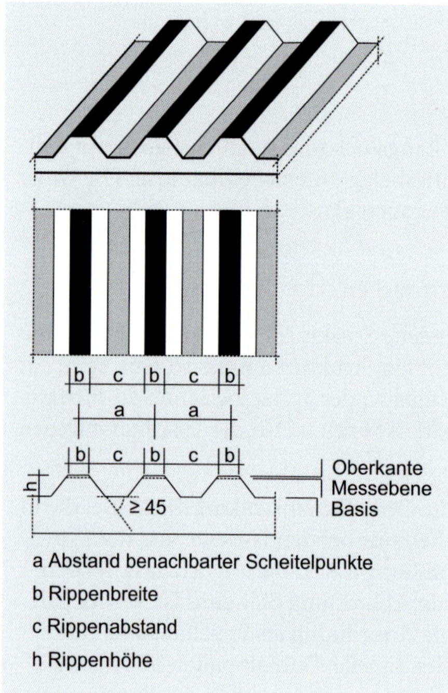

Abb. 1: Form und Maße der Rippenstruktur nach DIN 32984, Bild 1 (Quelle: Metlitzky/Engelhardt, 2021, Abb. D 3.2) (➔ Abb. 3.19)

Die Rippen haben einen trapezförmigen Querschnitt, ihre Kanten dürfen abgerundet werden.

Tabelle 1: Maße für Rippenplatten nach DIN 32984, Tabelle 1 (➔ Tabelle 3.1)

Maße		im Gebäude/ Innenbereich in mm (± 0,5 mm)	im bewitterten Außenbereich in mm (± 0,5 mm)
a	Abstand der Scheitelpunkte benachbarter Rippen	25 bis 60	30 bis 50
b	Rippenbreite (an der Messebene)	5 bis 10	5 bis 15
c	Abstand der Rippen (in Messebene)	20 bis 50	25 bis 35
h	Rippenhöhe (Basis bis Oberkante)	3 bis 4	4 bis 5

2.2 Noppenstruktur

Die Noppen werden in der Regel als Kegelstümpfe, Kugelkalotten oder als Pyramidenstümpfe (z. B. bei Naturstein) ausgebildet und haben die Abmessungen, die in Abb. 2 und Tabelle 2 dargestellt sind:

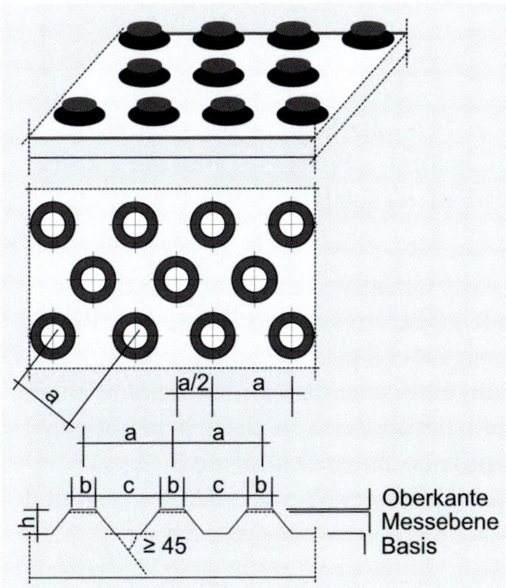

Abb. 2: Form und Maße der Noppenstruktur nach DIN 32984, Bild 2 (Quelle: Metlitzky/Engelhardt, 2021, Abb. D 3.4) (➔ Abb. 3.20)

a Abstand Mittelpunkte
b Ø Noppenbreite
c diagonaler Noppenstand
h Noppenhöhe

Tabelle 2: Maße für Noppenplatten nach DIN 32984, Tabelle 2 (➔ Tabelle 3.2)

	Maße	**im Gebäude/ Innenbereich in mm (± 0,5 mm)**	**im bewitterten Außenbereich in mm (± 0,5 mm)**
a	Abstand der Mittelpunkte benachbarter Noppen	32 bis 60	40 bis 60
b	Noppen-Durchmesser (in Messebene)	15 bis 30	20 bis 30
c	Abstand der Außenkanten benachbarter Noppen (in Messebene)	17 bis 36 [1)]	20 bis 36 [1)]
h	Noppenhöhe (Basis bis Oberkante)	3 bis 4	4 bis 5 [2)]

1) Der Abstand zwischen zwei Kugelkalotten auf der Basisebene, darf an keiner Stelle geringer als 12 mm sein.

2) Die Noppenhöhe muss bei Kugelkalotten im bewitterten Außenbereich mindestens 4,5 mm betragen.

Pyramidenstümpfe, insbesondere wenn sie in Naturstein eingefräst werden, können in Ausnahmefällen orthogonal angeordnet sein. Der Abstand der Mittelpunkte bei orthogonalen Noppen kann bis zu 100 mm betragen. Der Mindestabstand der Noppen darf 22 mm nicht unterschreiten.

Bodenindikatoren müssen wie alle Bodenbeläge rutschhemmend sein (vgl. DIN 18040-3:2014-12). Da das SRT-Messverfahren (Technische Prüfvorschriften für Griffigkeitsmessungen im Straßenbau, Teil: Messverfahren) bei ihnen nicht praktikabel ist, ist ein R-Wert von mindestens R 11 oder von mindestens R 10/V4 einzuhalten. Der R-Wert muss nach DIN 51130:2014-02 nachgewiesen werden.

2.3 Erkennbarkeit (→ Kap. 2.2.4)

Nur im Kontrast zum Umfeld sind Zeichen oder Strukturen zu sehen oder zu ertasten. Deshalb ist bei Bodenindikatoren ein visueller und ein taktiler Kontrast zum Umgebungsbelag erforderlich (vgl. DIN 32984, Abschnitt 4.3 bis 4.6).

Der **taktile Kontrast** zum Umfeld ist die Grundvoraussetzung für die Erkennbarkeit von Bodenindikatoren. Zwischen stark strukturierten Bodenbelägen, z. B. Natursteinpflaster, lassen sich Noppen gar nicht und Rippen kaum ertasten und von der Umgebung unterscheiden. Um überhaupt auf das Vorhandensein von Bodenindikatoren aufmerksam zu werden, benötigen blinde Menschen neben den Bodenindikatoren strukturarme Beläge, am besten Asphalt oder Betonplatten. Betonpflaster sollte sorgfältig verlegt und die Fugen eng sein. Die Steine müssen möglichst wenig Fase haben.

Wenn der Umgebungsbelag diesen Anforderungen nicht genügt, sind Begleitstreifen von mindestens 60 cm Breite anzuordnen.

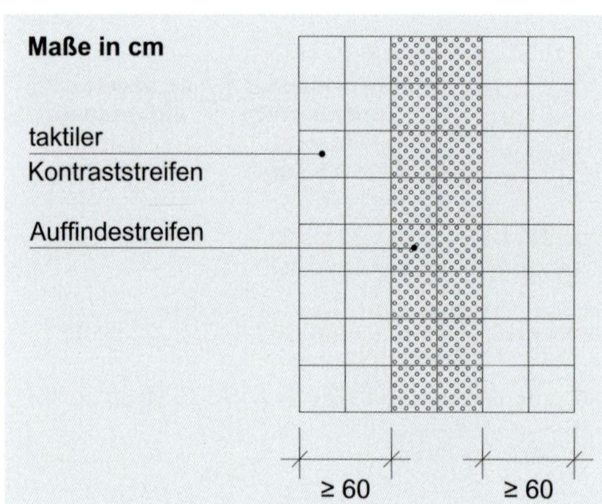

Abb. 3: Begleitstreifen für taktilen Kontrast nach DIN 32984, Bild 4 (Quelle: Lokale Nahverkehrsgesellschaft mbH, Kreis Groß-Gerau)

Der **visuelle Kontrast** hilft stark sehbehinderten Menschen, die Bodenindikatoren zu finden. Auch wenn sie auf die Benutzung des Taststocks angewiesen sind, benutzen sie zur Orientierung doch noch den kleinsten Rest ihres Sehvermögens. Oft sind sie mit dem Taststock nicht so geübt, schon älter und später erblindet. Um die Struktur abzutasten, benötigen sie den Stock. Aber um einen Bodenindikator zu finden, ist es wichtig, dass dessen Lage auch visuell wahrnehmbar ist. Dazu ist ein deutlicher visueller Kontrast erforderlich (K ≥ 0,4). Die Ermittlung der Kontrastwerte ist in der DIN 32975 in Verbindung mit der DIN 32984 geregelt.

Ist der visuelle Kontrast zum Umgebungsbelag nicht ausreichend, müssen Begleitstreifen angeordnet werden. Für den visuellen Kontrast reicht es, wenn die Begleitstreifen 30 cm breit sind. Alternativ kann der visuelle Kontrast auch innerhalb eines Auffindestreifens durch helle und dunkle Bodenindikatoren hergestellt werden.

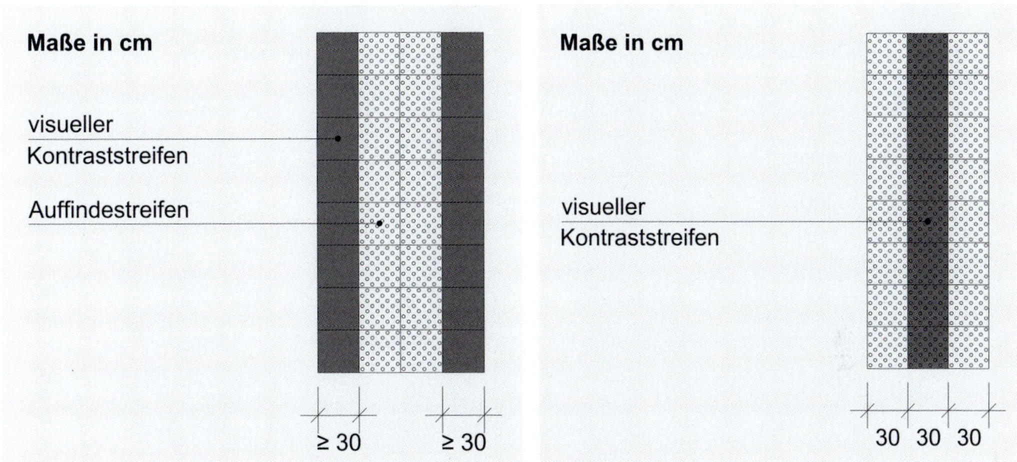

Abb. 4: Begleitstreifen für visuellen Kontrast und visueller Kontrast innerhalb eines Auffindestreifens nach DIN 32984, Bild 4 (Quelle: Lokale Nahverkehrsgesellschaft mbH, Kreis Groß-Gerau) (➔ Abb. 2.26)

Statt Begleitstreifen anzuordnen, ist es oft deutlicher oder auch hinsichtlich der Gestaltung angemessener, die ganze Gehwegfläche im Querungsbereich oder auch den Wartebereich einer Haltestelle als Kontrastfläche auszulegen. Abb. 5 zeigt dazu das Beispiel einer Überquerungsstelle.

Abb. 5: Querungsstelle in Fulda mit dunklem Belag als Begleitfläche

Abb. 6: Leitsystem in Wetzlar mit hellen und dunklen Bodenindikatoren je nach Umgebungsbelag

2.4 Funktion der Bodenindikatoren (➔ Kap. 2.2.4)

Rippen haben eine Richtung, die immer zeigt, dass es hier weitergeht, während quer dazu eine Gefahr, aber auch ein anderes Ziel liegen kann. Noppen sind naturgemäß richtungslos und fordern zu erhöhter Aufmerksamkeit oder zur Neuorientierung auf.

Tabelle 3: Anwendungstypen von Bodenindikatoren nach DIN 32984 (➔ Tabelle 2.3)

Anwendungstyp	Anzeige	Struktur
Leitstreifen	Leiten in Längsrichtung	Rippen
Richtungsfeld	Anzeige der Gehrichtung an Überquerungsstellen	Rippen
Abzweigefeld	Verzweigungen und Abknickungen	Noppen
Auffindestreifen **- für Überquerungsstelle**	Auffinden von seitlich gelegenen Überquerungsstellen	Noppen
- für allgemeine Ziele	Auffinden von seitlich gelegenen allgemeinen Zielen (z. B. Buseinstieg, Zugang, Treppe)	Rippen
Aufmerksamkeitsfeld	Hinweis auf Gefahren und Hindernisse	Noppen
Einstiegsfeld	Markierung der Einstiegsstelle in öffentliche Verkehrsmittel	Rippen
Sperrfeld	Warnung vor einer Nullabsenkung	Rippen

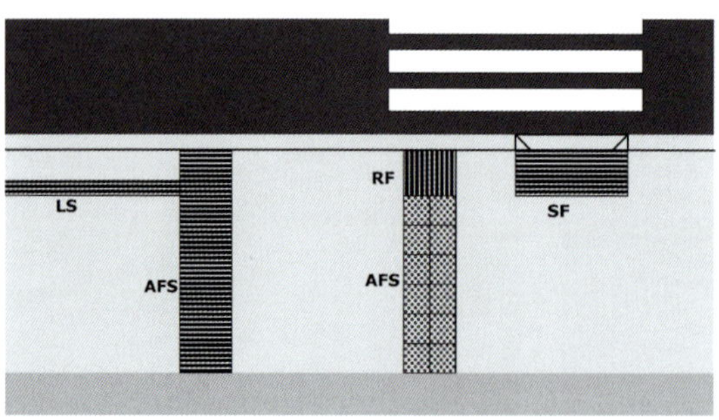

Abb. 7: Anwendungsbeispiel: Bodenindikatoren auf straßenbegleitendem Gehweg

AFS Auffindestreifen
EF Einstiegsfeld
LS Leitstreifen
RF Richtungsfeld
SF Sperrfeld

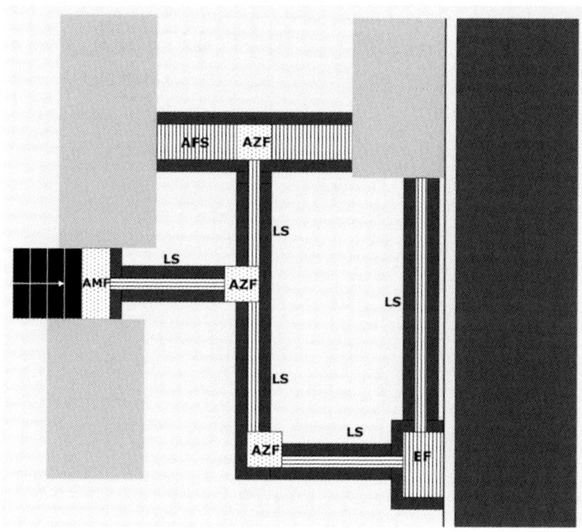

Abb. 8: Anwendungsbeispiel: Bodenindikatoren in einem Leitsystem und an einer Haltestelle mit Begleitstreifen

AMF	Aufmerksamkeitsfeld
AFS	Auffindestreifen
AZF	Abzweigefeld
EF	Einstiegsfeld
LS	Leitstreifen

Bodenindikatoren sind grundsätzlich sparsam zu verwenden und dort einzusetzen, wo andere Strukturen zur Orientierung nicht ausreichen.

3 Leitstreifen und Leitsysteme (→ Kap. 2.2.4)

3.1 Leitstreifen

Leitstreifen führen durch Situationen, wo andere Strukturen fehlen. Sie haben eine Struktur aus Rippen, die in Längsrichtung eines Weges führen, und eine Breite von ≥ 30 cm, in Innenräumen gegebenenfalls auch weniger.

Leitstreifen müssen mindestens 60 cm Abstand von Hindernissen haben, damit der Stockgänger, der dem Leitstreifen folgt, nicht über das Hindernis stolpert. Bei Bänken oder Fahrradständern ist zu berücksichtigen, dass – wenn sie besetzt sind – der Platzbedarf größer ist.

Notfalls muss davor ein Aufmerksamkeitsfeld angeordnet werden, um auf die Gefahr hinzuweisen. Kleiner als 20 cm darf der Abstand des Leitstreifens zum Hindernis aber nicht werden, dann müsste der Leitstreifen einen anderen Weg nehmen (siehe Abb. 9).

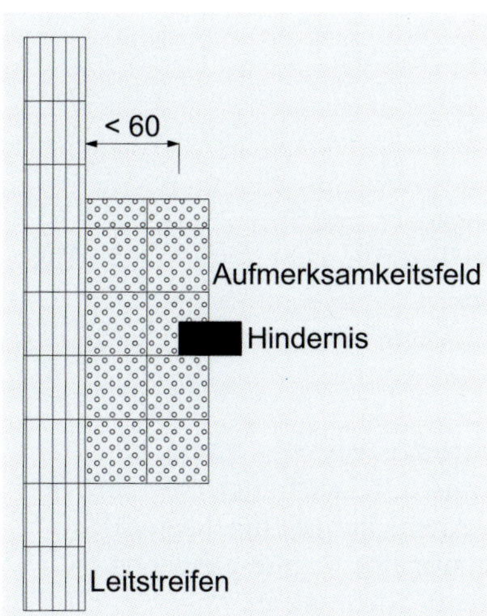

Abb. 9: Leitstreifen mit seitlichem Hindernis nach DIN 32984:2020:12, 5.2.1, Bild 5

3.2 Auffindestreifen

Seitliche Ziele werden mit einem Auffindestreifen über die Gehbahn angezeigt, bei seitlichen Überquerungsstellen mit Noppen, bei anderen Zielen (Haltestellen, wichtige Eingänge u. Ä.) mit Rippen in Richtung der Gehbahn.

Auffindestreifen, die nicht zu Querungsstellen führen, sind mindestens 60 cm tief und haben Rippenstruktur. Die Rippen verlaufen parallel zur Gehrichtung; die Ziele, zu denen sie führen, liegen seitlich, also quer zur

Rippenrichtung. In den meisten Fällen handelt es sich bei diesen Zielen um Haltestellen, es können aber auch wichtige Zugänge oder auch der Beginn eines Leitsystems sein. Im letzteren Fall ist am Abzweig des Leitstreifens ein Abzweigefeld anzuordnen, wenn er länger als 3 m ist.

Auffindestreifen auf straßenbegleitenden Gehwegen, die nicht zu Haltestellen am Fahrbahnrand führen, müssen auf Fahrbahnseite mindestens 50 cm vor dem Bord enden, damit deutlich wird, dass das Ziel auf der anderen Seite an der inneren Leitlinie liegt (siehe Abb. 10).

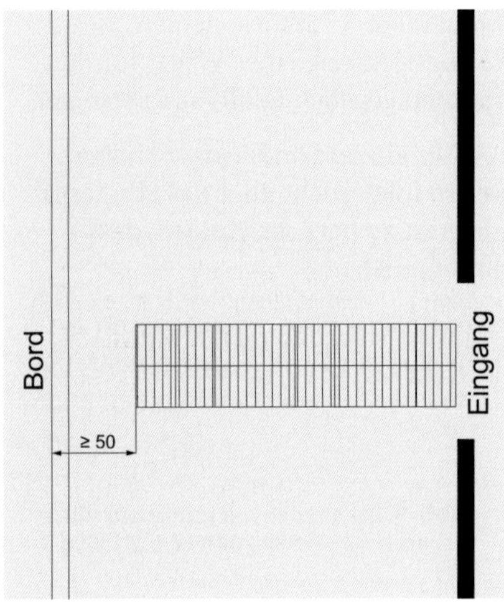

Abb. 10: Auffindestreifen zu seitlichem Ziel an der inneren Leitlinie nach DIN 32984, Bild 6

Auffindestreifen zu Aufzügen oder zu Eingängen und Türen in Gebäuden führen zum Anforderungstaster bzw. zum Türgriff, nicht mittig vor die Tür. Das gilt entsprechend auch für Leitstreifen.

3.3 Abzweigefelder

Abzweigefelder haben Noppenstruktur, ihre Breite ist 90 × 90 cm, in besonderen Fällen auch 60 × 60 cm. Sie weisen in Leitstreifen oder auch in Auffindestreifen auf Abzweigungen oder Abknickungen hin. Sie werden bei Abzweigungen oder Abknickungen in nur eine Richtung exzentrisch angeordnet und deuten so die weiterführende Richtung an.

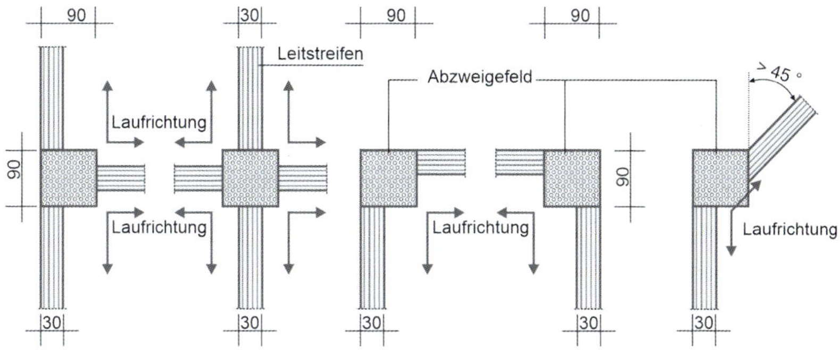

Abb. 11: Abzweigefelder im Leitsystem nach DIN 32984, Bild 7 (Nach Metlitzky/Engelhardt, 2021, Abb. D 3.9) (→ Abb. 2.24)

Knickt ein Auffindestreifen nur mit 45° oder weniger ab, können die Leitstreifen auf Gehrung geschnitten und direkt aneinandergefügt werden. Bei stärkeren Abknickungen ist ein Abzweigefeld erforderlich. Soll aus dem Leitstreifen zu einer Überquerungsstelle geführt werden, beginnt der Auffindestreifen im Leitstreifen und führt zum Richtungsfeld (siehe Abb. 12, vgl. auch DIN 32984:2020:12, Abschnitt 5.2.3.5, Bild 11).

Abb. 12: Überquerungsstelle im Leitsystem in Frankfurt. Bis zum Winkel von 45° stoßen Rippen im Leitstreifen stumpf zusammen. Der Auffindestreifen mit Noppen beginnt im Leitstreifen.

3.4 Beginn/Ende eines Leitsystems

Der Beginn eines Leitsystems wird durch einen Auffindestreifen angezeigt. Ist der Auffindestreifen breiter als 3 m, muss ein Abzweigefeld die Lage des abgehenden Abzweigefeldes anzeigen.

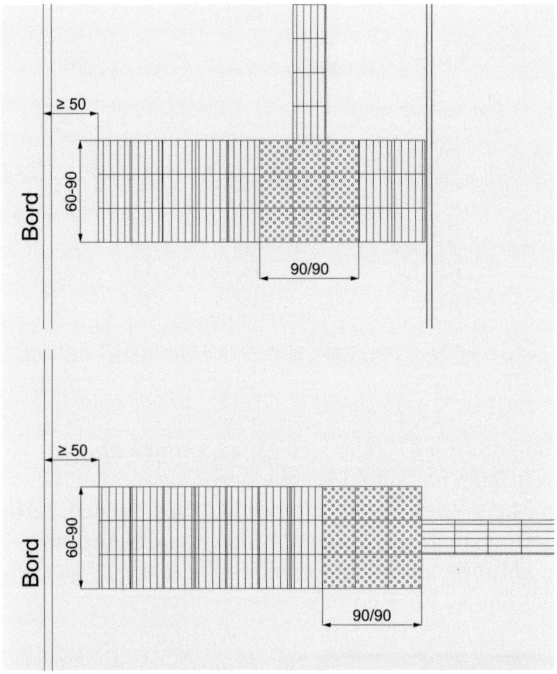

Abb. 13: Auffindestreifen am Beginn bzw. Ende eines Leitsystems nach DIN 32984, Bild 9. Ist der Auffindestreifen ≤ 3 m, kann das Abzweigefeld mit Noppen entfallen.

Abb. 14: Beginn eines Leitsystems in Bad Homburg

4 Überquerungsstellen (→ Kap. 4.3)

4.1 Überquerung von Fahrbahnen

Das Überqueren von Fahrbahnen ist für blinde und sehbehinderte Menschen eine schwierige und komplexe Aufgabe, die zudem mit erheblichen Gefahren verbunden ist: Sie müssen die Stelle zum Queren und den Fahrbahnrand finden, die Querungsrichtung erkennen, den sicheren Zeitpunkt zum Queren bestimmen (hier hilft gegebenenfalls die Zusatzausstattung einer Lichtsignalanlage gemäß RiLSA und DIN 32981) und die Fahrbahn dann zügig und gerade queren. Um diese Situation zu bewältigen, hilft eine Kombination verschiedener Bodenindikatoren.

4.1.1 Überquerungsstellen mit differenzierter und einheitlicher Bordhöhe (→ Kap. 4.3.1)

Grundsätzlich sind gemäß DIN 32984, Abschnitt 5.3 zwei verschiedene Ausführungsarten zu unterscheiden:

1. **Überquerungsstellen mit einheitlicher Bordhöhe:** Diese benötigen einen präzise eingebauten Bord von 3 cm Höhe, damit Blinde und Sehbehinderte die Kante noch sicher wahrnehmen, Passanten im Rollstuhl oder mit Rollator die Stufe aber noch ohne große Probleme bewältigen können. Für beide Gruppen ist diese Höhe durchaus grenzwertig. Blinden und Sehbehinderten wird hier mit einem Richtungsfeld die Querungsrichtung angezeigt.
   Bei einer Bordhöhe von 3 cm sollte die Kantenrundung 20 mm betragen, nach einer Untersuchung der BASt ist das für alle Beteiligten der beste Kompromiss (Bordsteinkanten mit einheitlicher Bordhöhe und Bodenindikatoren an Überquerungsstellen. In: Berichte der BAST, Heft V242). Es bleibt aber immer ein Kompromiss, und selbst bei präzisem Einbau ist die Stabilität der Bordhöhe selten für die Lebensdauer garantiert.
2. **Getrennte Überquerungsstellen mit differenzierter Bordhöhe:** Diese Querungsstellen weisen für Passanten im Rollstuhl oder mit Rollator eine bequeme Absenkung auf Fahrbahnniveau (Nullabsenkung) auf und zusätzlich für blinde und sehbehinderte Passanten einen Querungsbereich mit deutlich besser wahrnehmbarer Bordhöhe von 6 cm, davon sollten nach DIN 32984:2020-12 4 cm senkrecht sein.
   Da hier im Bereich der Nullabsenkung der Bord nicht wahrgenommen werden kann, ist davor zusätzlich ein Sperrfeld erforderlich. Der Querungsbereich für Blinde und Sehbehinderte muss auf der kreuzungsabgewandten Seite liegen, damit sie sicher von der Kreuzung ferngehalten werden. Die Lösung mit getrennten Querungsstellen ist sicher aufwendiger, aber wird den spezifischen Anforderungen aller Behindertengruppen gerecht.

4.1.2 Gesicherte und ungesicherte Überquerungsstellen (→ Kap. 4.3.2)

Beim Überqueren einer Fahrbahn ist es hilfreich zu wissen, ob die Querung durch eine Lichtsignalanlage oder einen Zebrastreifen **gesichert** ist oder ob die Überquerungsstelle **ungesichert** ist. Deshalb werden die Bodenindikatoren hier unterschiedlich angeordnet:

1. **Gesicherte Überquerungsstellen** werden durch die Kombination von Noppen mit dem Richtungsfeld (Rippen in Querungsrichtung) angezeigt, i. d. R. führt ein Auffindestreifen mit Noppen quer über den Gehweg zum seitlich gelegenen Richtungsfeld.
2. Bei **ungesicherten Überquerungsstellen** sind keine Noppen direkt am Richtungsfeld. Oft ist es dennoch notwendig, mit Noppen auf das Richtungsfeld hinzuweisen, v. a. wenn es seitlich des Gehweges liegt oder eine wichtige Wegebeziehung herüber führt. Dann sollte ebenfalls ein Auffindestreifen angeordnet werden. Damit die Überquerungsstelle aber als ‚ungesichert' erkannt werden kann, muss der Auffindestreifen mit einem Abstand von mindestens 60 cm vor dem Richtungsfeld enden. Diese Form des verkürzten Auffindestreifens ist in der Neufassung der DIN 32984 vom Dezember 2020 enthalten und bietet eine wesentlich praktikablere Lösung als bisher, um gesicherte und ungesicherte Überquerungsstellen zu unterscheiden.

4.1.3 Anordnung der Bodenindikatoren an Querungsstellen

Die zu übermittelnden Informationen sind also sehr komplex. Die Bodenindikatoren sollen folgende Aufgaben erfüllen:

- Anzeige des Querungsbereiches für blinde und sehbehinderte Menschen einerseits und Warnung vor der Nullabsenkung andererseits
- Information über gesicherte und ungesicherte Querung
- Auffinden des Querungsbereiches
- Anzeige der Querungsrichtung

Das kann nur bei einer sorgfältigen Planung und Ausführung gelingen.

Erforderliche Breite/Tiefe:

- Richtungsfeld ≥ 60 cm tief
- Auffindestreifen ≥ 60 cm breit
- Sperrfeld 60 cm tief, bei breiteren Absenkungen und insbesondere in direkter Gehrichtung auch 90 cm tief

Gesicherte Überquerungsstellen werden durch die unmittelbare Verbindung von Noppenfeldern und Richtungsfeldern mit Rippen angezeigt. Bei **ungesicherten** Überquerungen müssen Noppenplatten mindestens einen Abstand von 60 cm vom Richtungsfeld haben.

4.2 Gesicherte Überquerungsstellen mit differenzierter Bordhöhe (➔ Kap. 4.3.2)

Bei Überquerungsstellen mit Zebrastreifen (Überweg) verläuft ein Auffindestreifen quer über die Gehbahn und führt zum Richtungsfeld. Um Blinde von der Nullabsenkung fernzuhalten, ist der Abstand zum Sperrfeld vor der Nullabsenkung $\geq$ 60 cm (siehe Abb. 15).

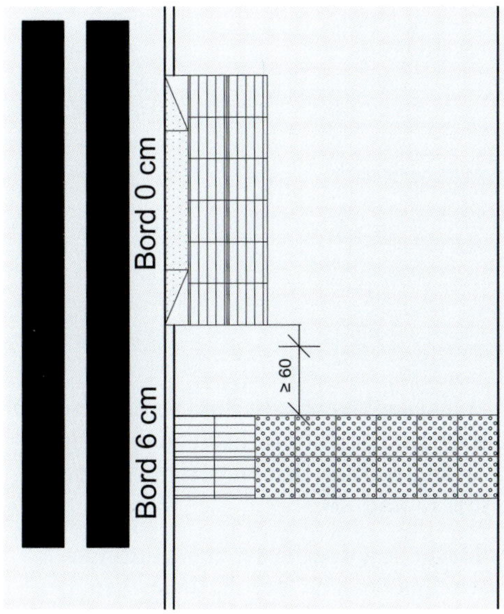

Abb. 15: Überweg mit differenzierter Bordhöhe nach DIN 32984, Bild 12 b (➔ Abb. 4. 13)

Bei Überquerungsstellen mit Lichtsignalanlage (Furt) steht der Ampelmast mit dem Taster zwischen beiden Querungsbereichen (siehe Abb. 16). Damit er von beiden Seiten gut erreicht werden kann, beträgt der Abstand zwischen Richtungs- und Sperrfeld 30 bis 60 cm. Der Auffindestreifen verläuft quer über die Gehbahn und führt zum Richtungsfeld. Damit der Mast mit dem Taster für Blinde gut zu finden ist, soll sein Abstand zum Auffindestreifen $\leq$ 25 cm sein.

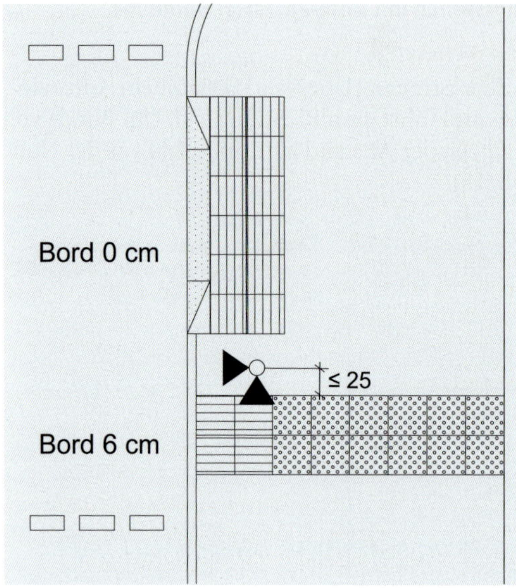

Abb. 16: Furt mit differenzierter Bordhöhe nach DIN 32984, Bild 12 a (➔ Abb. 4.20)

Auch wenn die Querungsrichtung nicht senkrecht zum Bord verläuft, zeigen die Rippen des Richtungsfeldes die Querungsrichtung. Es ist an der schmalsten Stelle ≥ 60 cm tief. Der Auffindestreifen kann den kürzesten Weg zur inneren Leitlinie nehmen (siehe Abb. 17 und 18).

Bei einer Furt ist der Abstand des Mastes mit dem Taster zum Auffindestreifen ≤ 25 cm. Der Mast steht zwischen beiden Querungsbereichen. Bei einem Überweg wäre der Abstand von Richtungs- und Sperrfeld ≥ 60 cm.

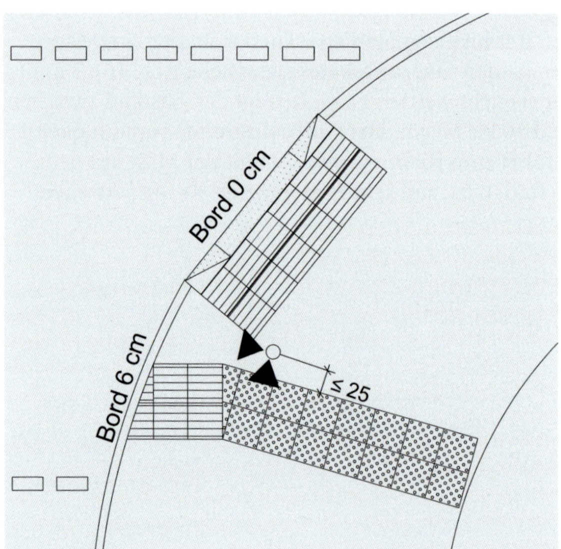

Abb. 17: Querung nicht rechtwinklig zum Bord (hier als Querungsfurt) nach DIN 32984, Bild 15

Abb. 18: Querung nicht rechtwinklig zum Bord (in Fulda). Der Mast steht zwischen beiden Querungsbereichen.

Läuft man auf eine gesicherte Überquerungsstelle direkt zu, liegt der Auffindestreifen unmittelbar vor dem Richtungsfeld. Die Noppen direkt am Richtungsfeld zeigen, dass die Querung gesichert ist. Bei einer Nullabsenkung in Hauptgehrichtung sollte das Sperrfeld besser 90 cm tief sein.

Wenn keine Ampel zwischen Sperrfeld und Richtungsfeld steht, also bei einem Überweg oder auch bei einer ungesicherten Überquerungsstelle, beträgt der Abstand beider Felder ≥ 60 cm (siehe Abb. 19).

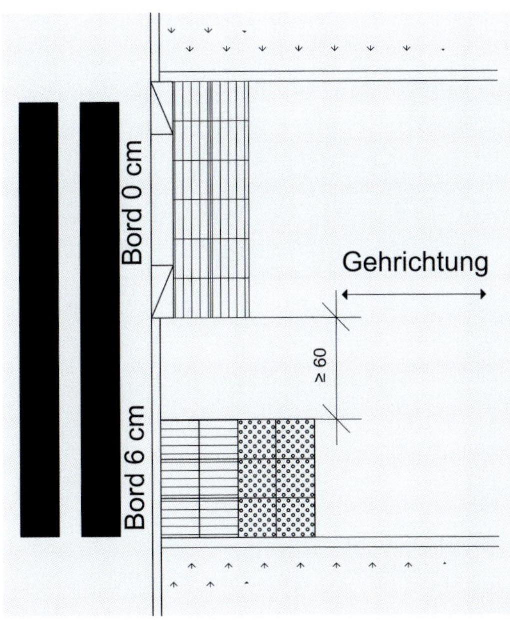

Abb. 19: Gesicherte Querung, hier als Überweg, in Hauptgehrichtung nach DIN 32984, Bild 17

Bei Straßenkreuzungen und -einmündungen liegt der Querungsbereich für Blinde und Sehbehinderte immer auf der kreuzungsabgewandten Seite. Dies gilt grundsätzlich für alle Überquerungsstellen mit differenzierter Bordhöhe. Damit wird verhindert, dass Blinde oder Sehbehinderte aus Versehen in den Kreuzungsbereich gelangen. Gehbehinderten Passanten wird gleichzeitig ein möglichst kurzer Weg über die Nullabsenkung angeboten (siehe Abb. 20 a–c, 27, 29, 34 und 36).

Um sehbehinderten Passanten das Auffinden ihres Querungsbereiches zu ermöglichen, benötigen sie ausreichenden visuellen Kontrast. Gibt es bereits einen hohen visuellen Kontrast zwischen Bodenindikatoren und Umgebungsbelag, können die kontrastierenden Begleitstreifen entfallen.

Die folgenden Abbildungen zeigen verschiedene Varianten: durch Hell-Dunkel-Kontrast zwischen Belag und Bodenindikatoren, innerhalb der Auffindestreifen, durch Begleitstreifen oder durch Einfärbung des gesamten Kreuzungsbereiches (Abb. 20 a–c). Auf den visuellen Kontrast wurde bei den Sperrfeldern teilweise verzichtet, weil Sehbehinderte auf das Richtungsfeld hingewiesen werden sollen. Das Sperrfeld dient zur Warnung und soll gemieden, aber eben nicht gefunden werden. Allerdings ist der taktile Kontrast hier unverzichtbar, sonst kann die Warnung nicht erkannt werden.

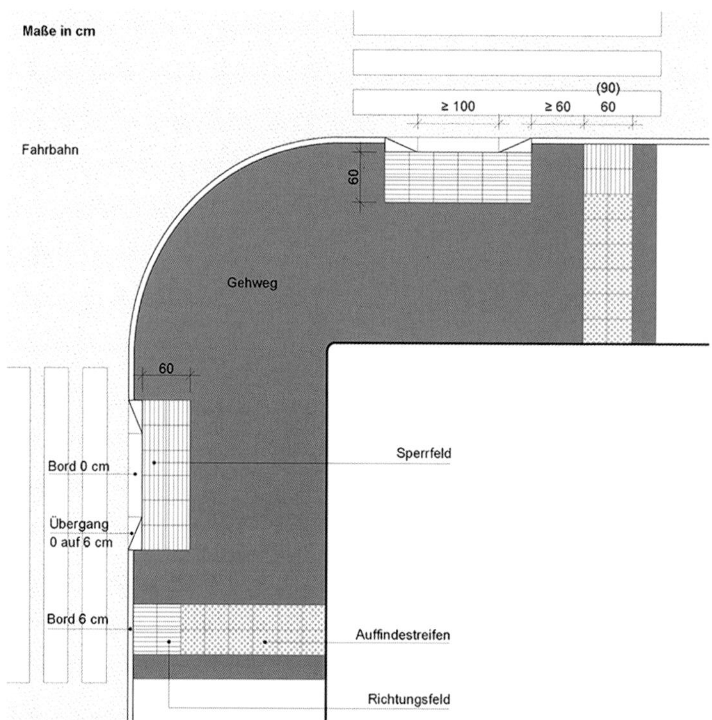

Abb. 20 a: Helle Bodenindikatoren an Kreuzung mit dunkler Begleitfläche im Kreuzungsbereich (Quelle: Lokale Nahverkehrsgesellschaft mbH, Kreis Groß-Gerau)

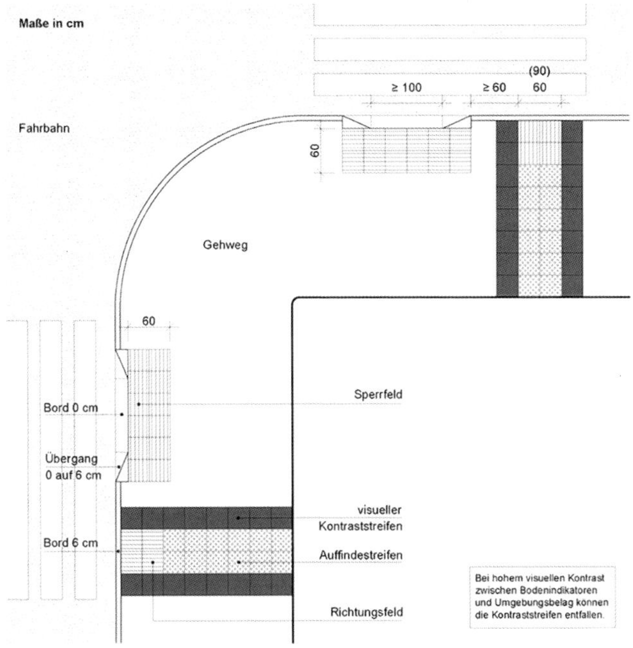

Abb. 20 b: Bodenindikatoren an Kreuzung mit Begleitstreifen für visuellen Kontrast (Quelle: Lokale Nahverkehrsgesellschaft mbH, Kreis Groß-Gerau)

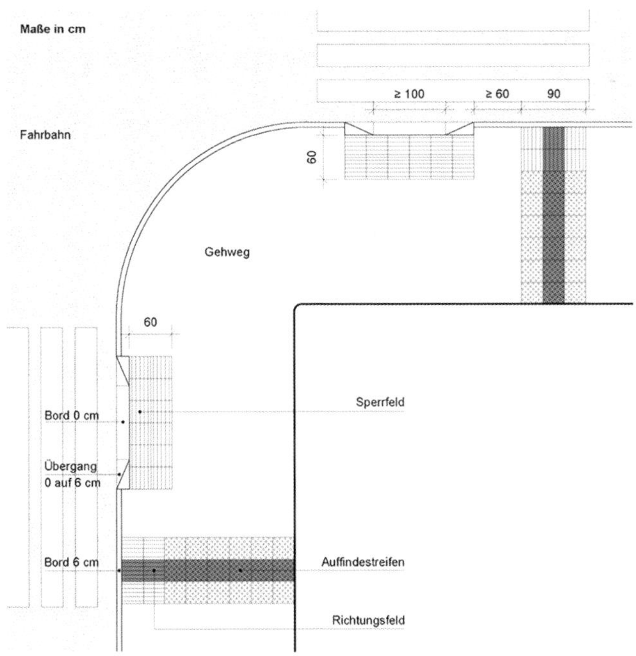

Abb. 20 c: Bodenindikatoren an Kreuzung mit visuellem Kontrast innerhalb des Auffindestreifens (Quelle: Lokale Nahverkehrsgesellschaft mbH, Kreis Groß-Gerau)

4.3 Gemeinsame gesicherte Überquerungsstellen mit einheitlicher Bordhöhe 3 cm

Bei Überquerungsstellen mit Zebrastreifen (Überweg) verläuft ein Auffindestreifen quer über die Gehbahn und führt zum Richtungsfeld über die gesamte Breite des Überwegs (siehe Abb. 21).

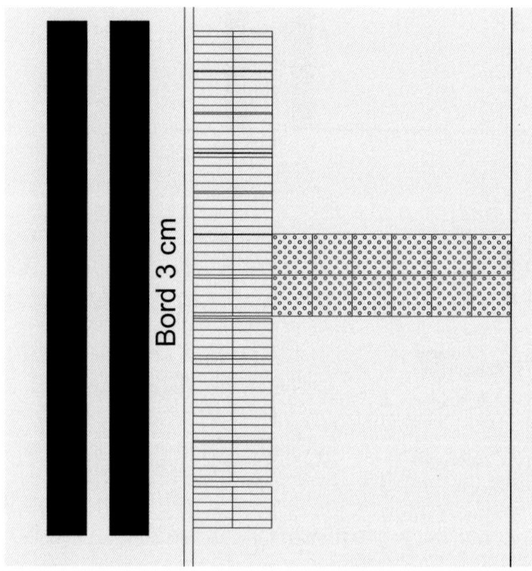

Abb. 21: Überweg mit 3-cm-Bord nach DIN 32984, Bild 13 b

Bei Überquerungsstellen mit Lichtsignalanlage verläuft ein Auffindestreifen quer über die Gehbahn und führt zum Richtungsfeld über die gesamte Breite der Furt. Der Mast mit dem Taster muss gut auffindbar sein. Deshalb soll er nicht weiter als 25 cm vom Auffindestreifen entfernt stehen (siehe Abb. 22).

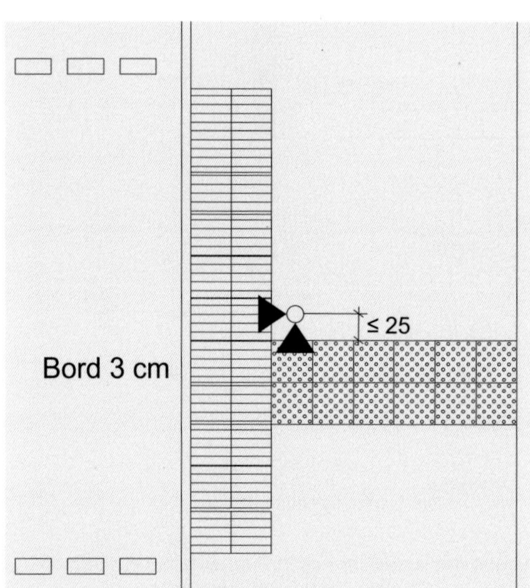

Abb. 22: Furt mit Lichtsignalanlage nach DIN 32984, Bild 13 a

Wenn es nicht möglich ist, die Querung rechtwinklig zum Bord zu führen, müssen die Rippen des Richtungsfeldes die Querungsrichtung weisen. Es muss an der schmalsten Stelle ≥ 60 cm tief sein. Die Rippenplatten können geschnitten werden und so dem Bogen des Bordes genau folgen. Der Auffindestreifen kann den kürzesten Weg zur inneren Leitlinie nehmen.

Ist eine Lichtsignalanlage vorhanden, ist der Abstand des Mastes mit dem Taster zum Auffindestreifen ≤ 25 cm, damit er gut gefunden werden kann (siehe Abb. 23).

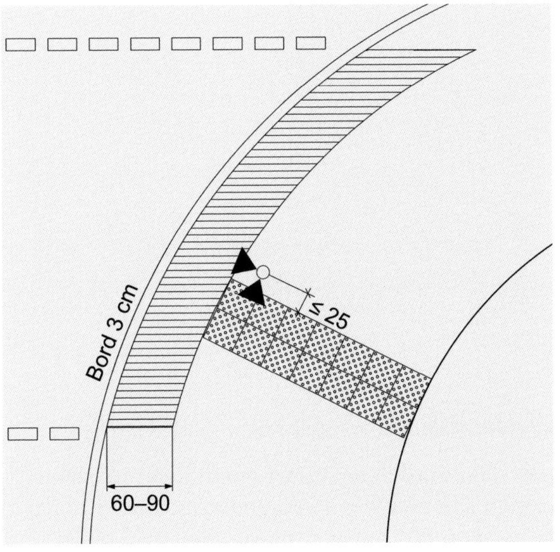

Abb. 23: Querung nicht rechtwinklig zum Bord (hier als Querungsfurt) nach DIN 32984, Bild 15

Bei einer gesicherten Querung in Hauptgehrichtung läuft man auf die Überquerungsstelle direkt zu. Deshalb liegt der Auffindestreifen unmittelbar vor dem Richtungsfeld, um so die gesicherte Querung anzuzeigen (siehe Abb. 24).

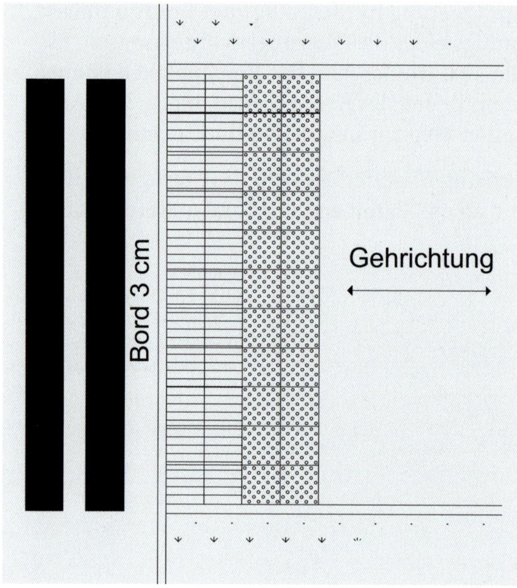

Abb. 24: Gesicherte Querung in Hauptgehrichtung nach DIN 32984, Bild 17

4.4 Ungesicherte Überquerungsstellen (→ Kap. 4.3.3)

Ungesicherte Überquerungsstellen werden angezeigt durch Richtungsfelder ohne direkt anstoßende Noppen. Hier kann ein verkürzter Auffindestreifen angeordnet werden, der dann aber ≥ 60 cm vor dem Richtungsfeld endet. Dieser verkürzte Auffindestreifen ist in der Neufassung der DIN 32984 vom Dezember 2020 neu geregelt: Bisher waren nur Aufmerksamkeitsfelder an der inneren Leitlinie möglich (DIN 32984, Abschnitt 5.3.3). Durch einen solchen Auffindestreifen ist es wesentlich leichter, das Richtungsfeld einer ungesicherten Überquerungsstelle zu finden und bei differenzierter Bordhöhe die Nullabsenkung zu meiden. Gerade wegen dieser Gefahr wurden bisher vielfach ungesicherte Überquerungsstellen wie gesicherte angezeigt. Auch hier muss der Abstand zwischen Richtungs- und Sperrfeld mindestens 60 cm betragen (siehe Abb. 25).

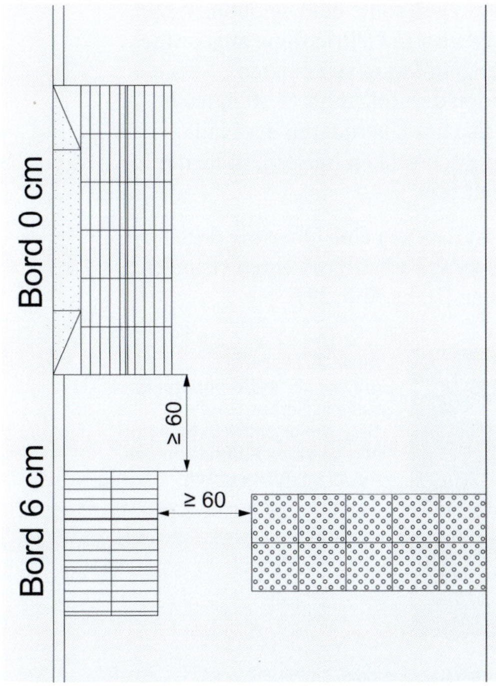

Abb. 25: Ungesicherte Überquerungsstellen mit differenzierter Bordhöhe nach DIN 32984, Bild 14

Abb. 26: Ungesicherte Querung mit verkürztem Leitstreifen in Gernsheim (Kreis Groß-Gerau) (Quelle: Lokale Nahverkehrsgesellschaft mbH Kreis Groß-Gerau)

Abb. 27: Ungesicherte Querung in Biebesheim (Kreis Groß-Gerau) (Quelle: Gemeinde Biebesheim am Rhein)

In Abb. 27 wurde beim Sperrfeld auf den visuellen Begleitstreifen verzichtet, weil der visuelle Kontrast den Zweck hat, dass Sehbehinderte ihre Querungsstelle finden können.

Oft ist der Raum beengt und ein Auffindestreifen oder Aufmerksamkeitsfeld an der inneren Leitlinie mit 60 cm Abstand zum Richtungsfeld nicht möglich. Dann kann das Aufmerksamkeitsfeld bis auf 30 cm senkrecht zur inneren Leitlinie reduziert werden oder auch ganz entfallen (Abb. 28 und 29).

Bei Straßeneinmündungen mit engen Gehwegen sollte die Überquerung für Passanten mit Rollstuhl oder Rollator möglichst in Gehrichtung angeordnet werden, um ihnen das Manövrieren auf engem Raum zu ersparen. Manchmal ist auch der Platz für ein Wenden des Rollstuhls (1,50 m nach DIN 18040-3) nicht ausreichend. Damit sie zum Überqueren der Nullabsenkung nicht in Richtung der Kreuzung schwenken müssen, sollte die Absenkung quer zur Gehrichtung 1 m breit sein.

Für blinde und sehbehinderte Passanten ist dagegen eine Querung dort günstiger, wo der Bord möglichst wenig schräg verläuft, um einen visuellen Kontrast am Richtungsfeld zu gewährleisten (siehe Abb. 29).

Abb. 28: Leitsystem zu ungesicherter Überquerungsstelle in Herborn. Auf der Gegenseite ist der Gehweg zu eng für einen Auffindestreifen mit 60 cm Abstand zum Richtungsfeld.

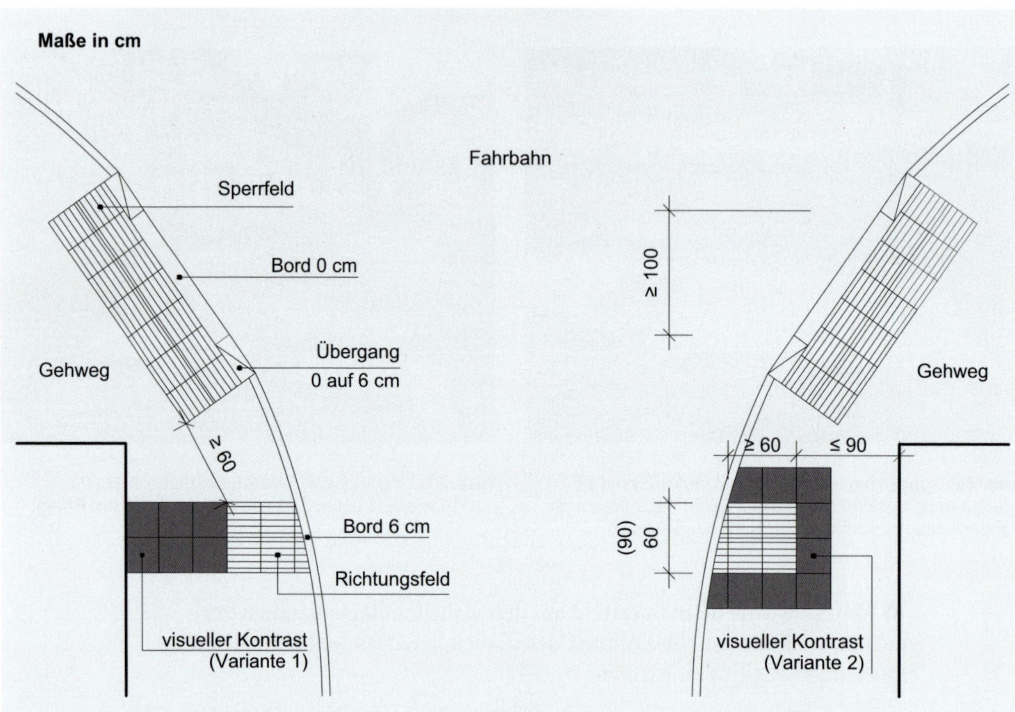

Abb. 29: Ungesicherte Überquerungsstelle an einer Straßeneinmündung mit schmalen Gehwegen mit zwei Varianten zur Gestaltung des visuellen Kontrastes (Quelle: Lokale Nahverkehrsgesellschaft mbH, Kreis Groß-Gerau)

In Abb. 29 wurden auf beiden Seiten für den visuellen Kontrast verschiedene Alternativen dargestellt. An der inneren Leitlinie könnte hier zusätzlich ein Aufmerksamkeitsfeld von 30 cm senkrecht zu ihr angeordnet werden.

Bei einer ungesicherten Überquerungsstelle in Hauptgehrichtung werden keine Noppen vor dem Richtungsfeld angeordnet. Der Abstand des Richtungsfeldes zum Sperrfeld vor der Nullabsenkung ist ≥ 60 cm. Hier sollte – natürlich auch abhängig von der Verkehrsbelastung – das Sperrfeld besser 90 cm tief sein, um versehentliches Überlaufen zu verhindern (siehe Abb. 30). Bei hohem visuellen Kontrast zwischen Bodenindikatoren und Umgebungsbelag können die Begleitstreifen entfallen.

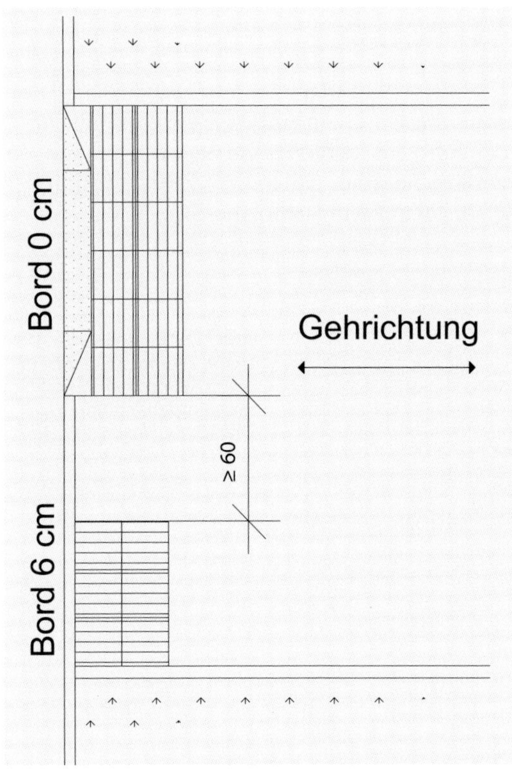

Abb. 30: Ungesicherte Überquerungsstelle mit differenzierter Bordhöhe in Hauptgehrichtung nach DIN 32984, Bild 17

Bei einer ungesicherten Überquerungsstelle mit einheitlicher Bordhöhe von 3 cm zeigt ein Noppenfeld oder ein verkürzter Auffindestreifen quer über die Gehbahn die Lage des Richtungsfeldes. Der Abstand der Noppen zum Richtungsfeld ist ≥ 60 cm. Abhängig von der Breite des Gehweges kann der Auffindestreifen auch entfallen oder auf bis zu 30 cm senkrecht zur inneren Leitlinie verkürzt werden (siehe Abb. 31).

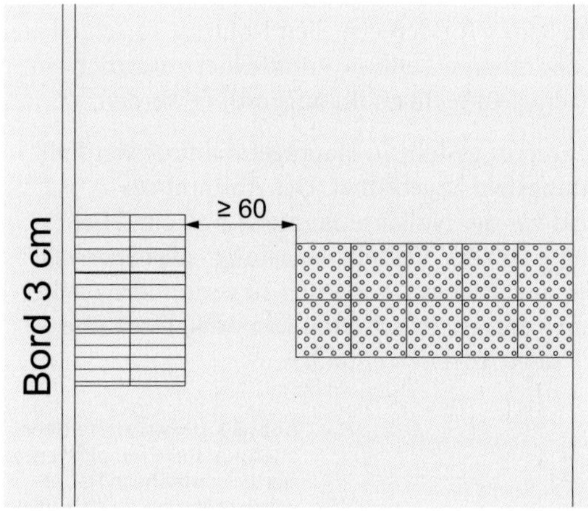

Abb. 31: Ungesicherte Überquerungsstellen mit einheitlicher Bordhöhe 3 cm

Bei einer ungesicherten Überquerungsstelle mit einheitlicher Bordhöhe in Hauptgehrichtung wird vor den Bord ein Richtungsfeld über die gesamte Breite des 3-cm-Bordes angeordnet. Bei einer höheren Verkehrsbelastung sollte das Richtungsfeld besser 90 cm tief sein (siehe Abb. 32).

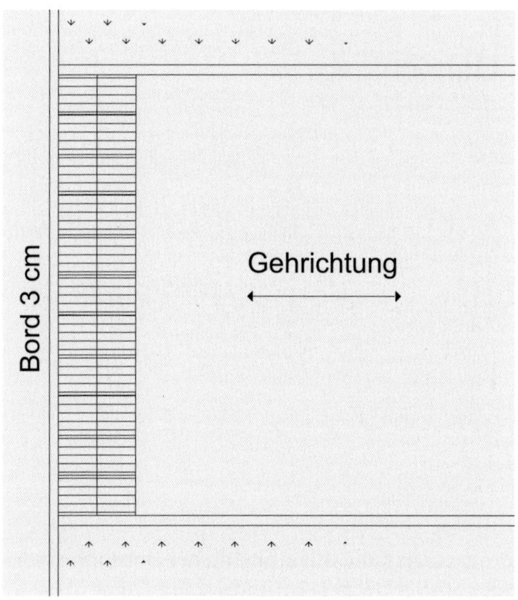

Abb. 32: Ungesicherte Überquerungsstelle mit einheitlicher Bordhöhe 3 cm in Hauptgehrichtung nach DIN 32984, Abschnitt 5.3.6

4.5 Überquerungsstelle mit Mittelinsel (→ Kap. 4.3.4)

Die Ausbildung der Überquerungsstelle auf Mittelinseln erfolgt genau so wie auf der Gehwegseite (um die Fahrbahnachse gespiegelt). Richtungs- und Sperrfelder auf Mittelinseln sollten nicht tiefer sein als 60 cm, damit die Felder auf beiden Seiten der Insel noch unterscheidbar sind (siehe Abb. 33).

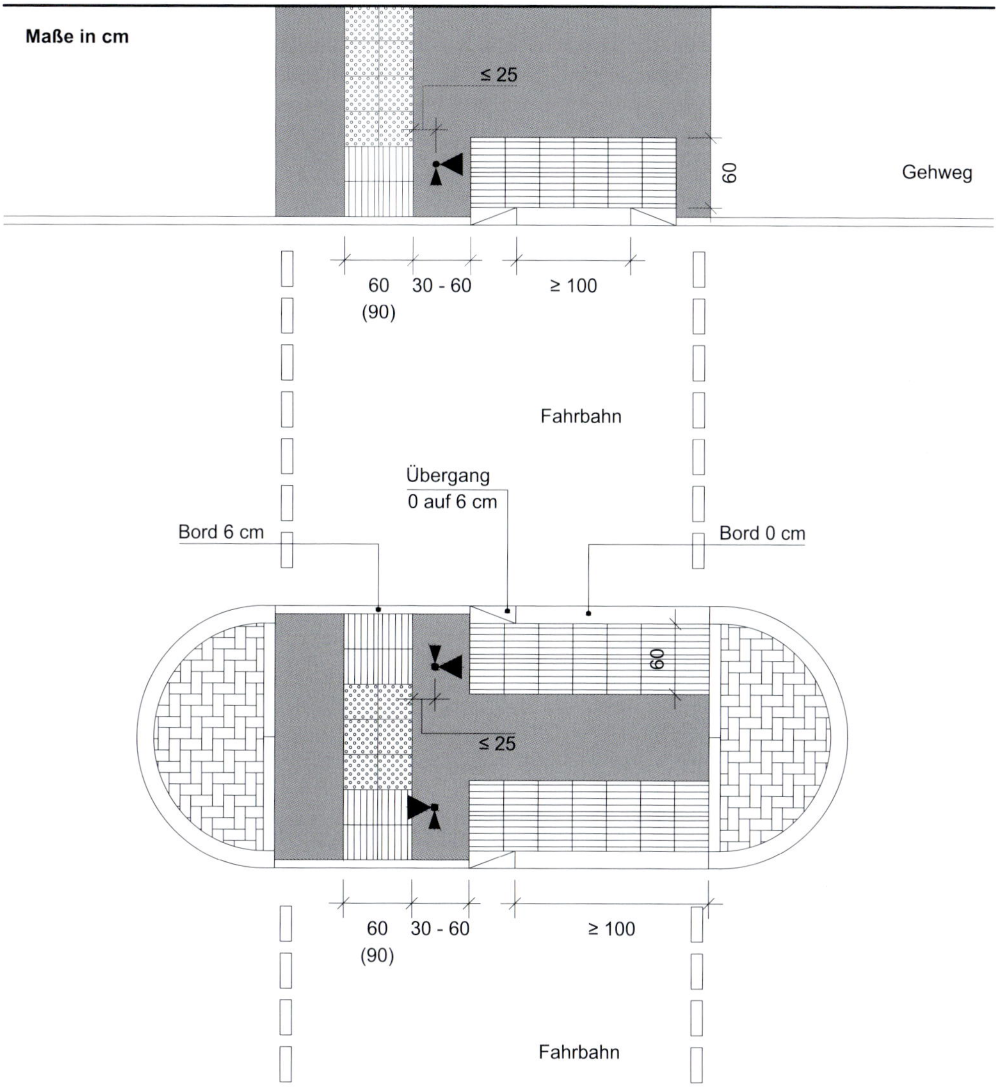

Abb. 33: Mittelinsel mit Querungsfurt. Die Bodenindikatoren auf der Mittelinsel sind spiegelbildlich zu denen auf dem Gehweg nach DIN 32984, Bild 16 a (Quelle: Lokale Nahverkehrsgesellschaft mbH, Kreis Groß-Gerau)

Dreiecksinseln sind für blinde und sehbehinderte Menschen besonders schwierig, weil ihre Wege hier nicht nur orthogonal verlaufen. Von einem großen Abzweigefeld wird der Passant bzw. die Passantin in alle drei Richtungen geführt.

Gesicherte Überquerungsstellen werden durch die Kombination von Noppen- und Richtungsfeld angezeigt. Deshalb wird bei gesicherten Überquerungsstellen hier die Verbindung vom zentralen Abzweigefeld und den Richtungsfeldern durch einen nur schmalen Auffindestreifen von 30 cm Breite hergestellt. Ungesicherte Überquerungsstellen sollten bei solch unübersichtlichen Situationen möglichst vermieden werden, gegebenenfalls könnte dann ein Leitstreifen mit Rippen den Weg zeigen. Ist nur der Beipass ungesichert, müsste das Richtungsfeld mindestens 60 cm Abstand zum zentralen Abzweigefeld einhalten (siehe Abb. 34).

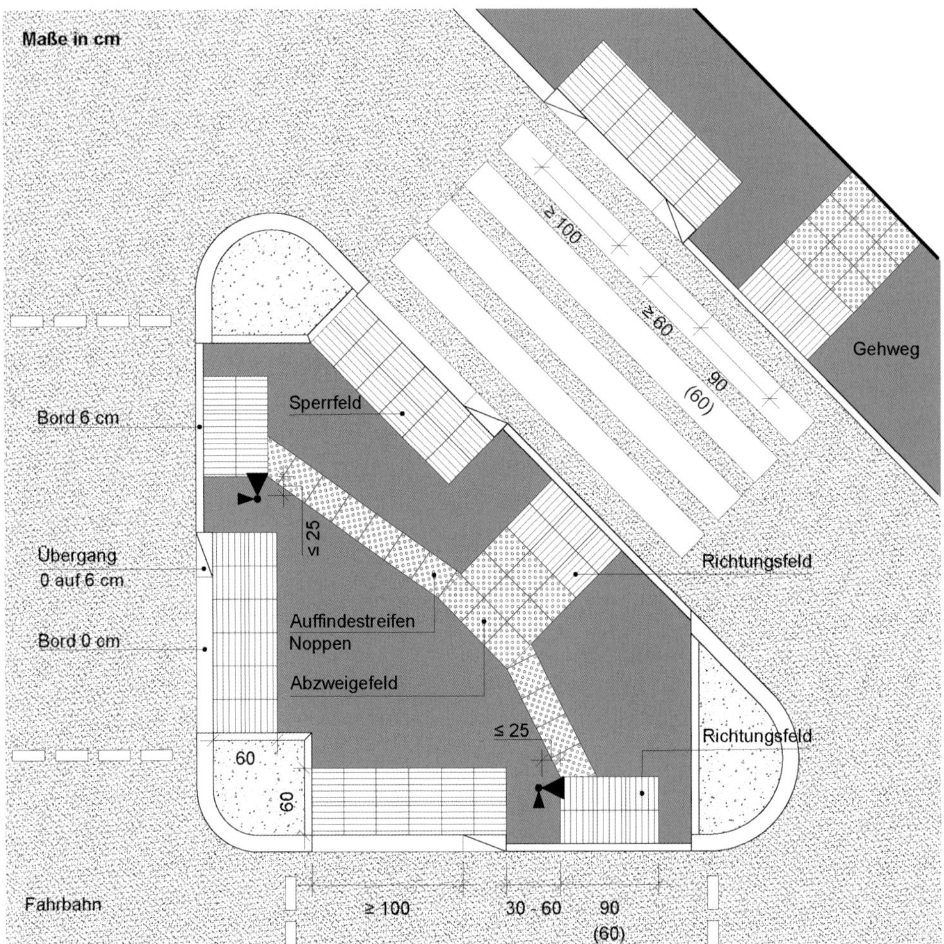

Abb. 34: Dreiecksinsel mit Querungsfurten und Überweg nach DIN 32984, Bild 16 b (Quelle: Lokale Nahverkehrsgesellschaft mbH, Kreis Groß-Gerau)

Abb. 35: Überweg über Mittelinsel mit dunklen Bodenindikatoren in Trier (Quelle: Ralf Keipinger, Mainz)

Abb. 36: Querungsfurt mit Mittelinsel in Fulda. Die Querungsrichtung verläuft leicht schräg; der Ampelmast steht zwischen beiden Querungsbereichen.

4.6 Gehwegüberfahrten (➔ Kap. 4.3.6.3)

Gehwegüberfahrten sind Teile des Gehweges, die von Kraftfahrzeugen überfahren werden dürfen. Um dies deutlich zu machen, sollte der Gehwegbelag nach Möglichkeit durchgezogen werden.

Wenn die seitlichen Grenzen des Gehweges oder der Gehbahn (innere und äußere Leitlinie) als Bord oder auch durch Belagwechsel ertastbar sind, sind in der Regel keine zusätzlichen Maßnahmen erforderlich.

Wenn die Gehwegüberfahrt sehr stark von Kraftfahrzeugen befahren wird (z. B. bei Tankstellen, Parkhäusern o. Ä.) oder die Begrenzung des Gehweges nicht ertastbar ist, sollten Bodenindikatoren angeordnet werden. Sie weisen blinde und sehbehinderte Passanten darauf hin, dass hier besondere Vorsicht angemessen ist, und helfen ihnen dabei, die Richtung zu halten. In einfachen Fällen hilft hier ein Richtungsfeld von 60 cm Tiefe über die Gehbahn und direkt dahinter ein 30 cm breiter Noppenstreifen (siehe Abb. 38). Durch den Noppenstreifen wird einerseits angezeigt, dass es sich hier nicht um einen Auffindestreifen für seitliche Ziele handelt, andererseits, dass hier noch ein gesicherter Weg folgt.

Bei längeren Überfahrten ist ein Leitsystem angemessen. Der Leitstreifen hilft bei der Orientierung, der Auffindestreifen weist auf die Besonderheit des folgenden Wegabschnitts hin. Er sollte einen ausreichenden Abstand zur Überfahrt haben, damit er nicht als Haltelinie missverstanden werden kann (Siehe Abb. 37).

Wenn die Gehwegüberfahrt als Zufahrt in eine Wohnstraße oder verkehrsberuhigte Zone genutzt wird, weisen die Bodenindikatoren zusätzlich darauf hin, dass hier seitlich auch mögliche Ziele liegen können.

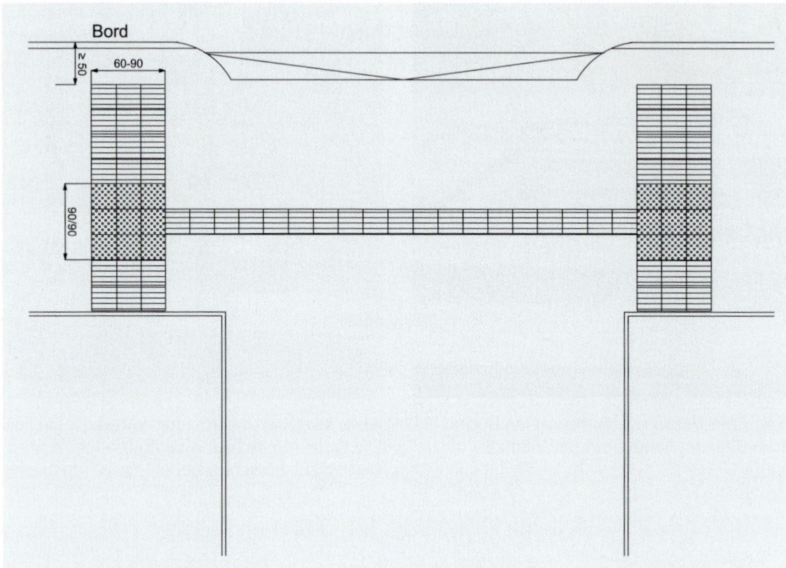

Abb. 37: Leitsystem über Gehwegüberfahrt nach DIN 32984, Bild 18 b. Ist der Auffindestreifen gleich oder kürzer als 3 m, kann das Abzweigefeld mit Noppen entfallen.

Abb. 38: Gehwegüberfahrt in Gießen nach DIN 32984, Bild 18 a (➔ Abb. 4.40)

4.7 Überquerungen über niveaugleiche Radwege (→ Kap. 4.3.6.2)

Radwege auf Fahrbahnniveau können in einem Zuge mit der Kfz-Fahrbahn gequert werden, ohne dass besondere Anzeigen erforderlich sind. Bei gemeinsamen Geh- und Radwegen werden die Radfahrer möglichst vor der Überquerungsstelle auf das Fahrbahnniveau heruntergeführt, damit sich die für Radfahrer erforderliche Nullabsenkung nicht mit der Anzeige der Querungsstelle überlagert (siehe Abb. 39). Die erforderliche Anrampung ist dann taktil abzusichern.

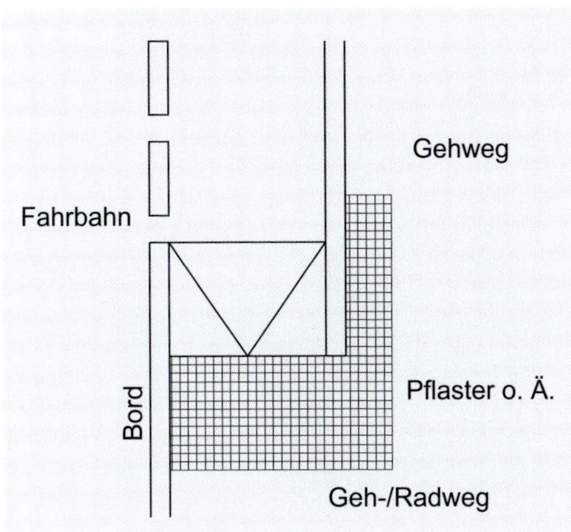

Abb. 39: Die Herabführung des Radverkehrs ist taktil abzusichern, z. B. mit Grobpflaster (nach DIN 32984, Bild 20)

Bei Radwegen auf Gehwegniveau ist es für blinde und sehbehinderte Passanten wichtig, dass der Radweg vom Gehweg visuell und taktil zu unterscheiden ist. Hier besteht die besondere Schwierigkeit darin, dass herannahende Radfahrer akustisch nicht wahrzunehmen sind. Deshalb ist ein Trennstreifen von 30 cm Breite erforderlich (nach DIN 32984, Abschnitt 5.9.3).

Führt der Weg zu einer Fahrbahnquerung über den Radweg, so wird die Überquerungsstelle durch einen Auffindestreifen über die Gehbahn angezeigt. Der Auffindestreifen wird vor dem durchlaufenden Trennstreifen unterbrochen und dahinter wieder bis zum Richtungsfeld weitergeführt. Bei ungesicherten Überquerungsstellen wird nur ein verkürzter Auffindestreifen angeordnet. Bei der ungesicherten Überquerung könnte gegebenenfalls ein Leitstreifen die Distanz zwischen Radweg und Richtungsfeld überbrücken. Er sollte dann aber 60 cm vor dem Richtungsfeld enden und so eine Lücke lassen (siehe Abb. 40).

Ein Richtungsfeld am Radweg ist nicht erforderlich, kann aber bei breiteren Radwegen (z. B. Schnellradwegen mit Verkehr in zwei Richtungen) sinnvoll sein. Auf dem Radweg selbst dürfen keine Bodenindikatoren vorgesehen werden, damit er als Gefahrenbereich kenntlich ist. Allenfalls kann ein Pflasterstreifen als Orientierungshilfe über den Radweg führen (siehe Abb. 42).

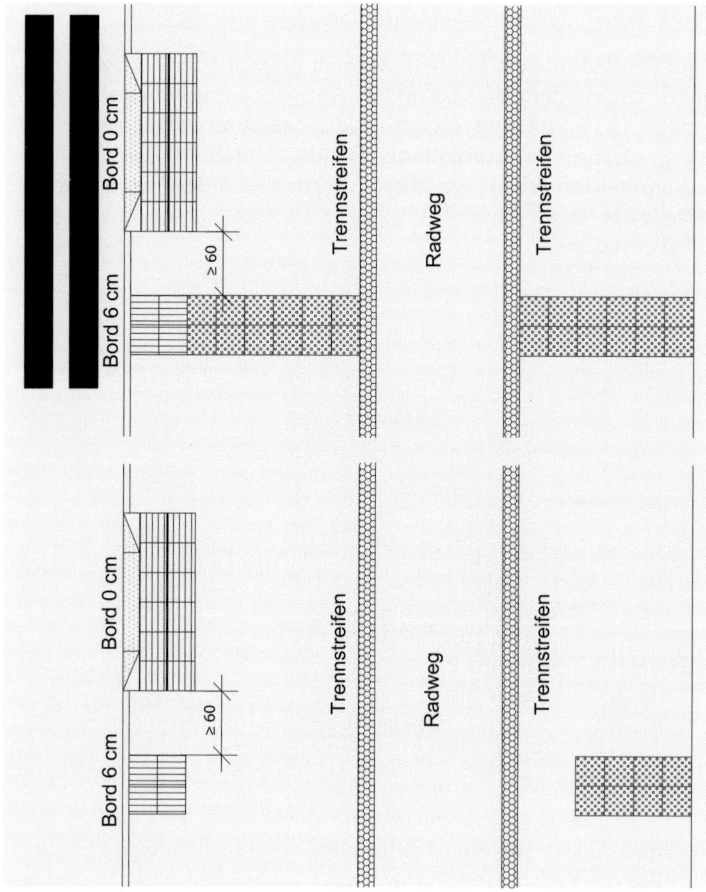

Abb. 40: Niveaugleicher Radweg vor einer gesicherten und einer ungesicherten Überquerungsstelle nach DIN 32984, Bild 19

Liegt eine Haltestelle hinter dem Radweg, erfolgt die Anzeige entsprechend. Der Auffindestreifen wird vor dem Trennstreifen unterbrochen (siehe Abb. 41 und 42).

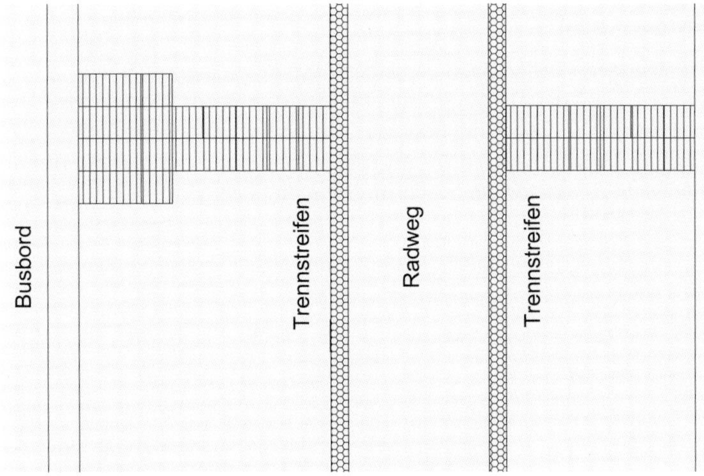

Abb. 41: Niveaugleicher Radweg vor einer Haltestelle

Abb. 42: Niveaugleicher Radweg vor einer Haltestelle. Der Auffindestreifen führt bis zum Trennstreifen. Auf dem Radweg unterstützt ein Pflasterstreifen die Orientierung. (Quelle: Railbeton Haas KG)

4.8 Gleisquerungen (➔ Kap. 4.3.6.1)

Gleisüberquerungen werden nach derselben Systematik angezeigt wie Fahrbahnquerungen. Bei niveaugleichen Querungen ist ein Richtungsfeld erforderlich. Ist die Überquerung gesichert, durch Schranke oder Lichtsignalanlage mit akustischem Warn- und Freigabesignal, zeigt dies ein Aufmerksamkeitsfeld direkt vor dem Richtungsfeld an (siehe Abb. 43).

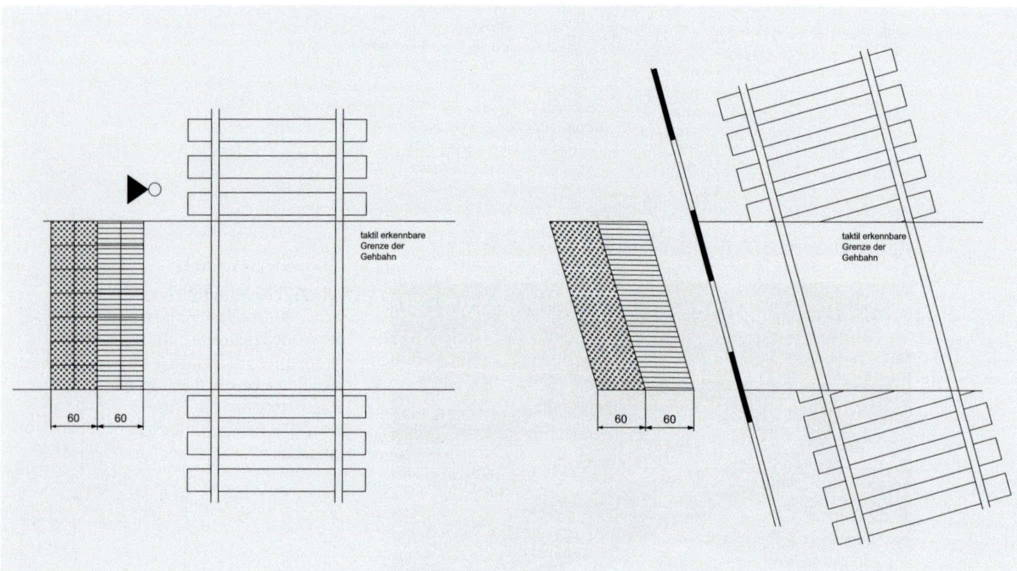

Abb. 43: Bodenindikatoren an einem mit Schranke oder LSA gesicherten Bahnübergang gemäß EBO nach DIN 32984, Bild 21 (➔ Abb. 4.34)

Ist die Überquerung aber ungesichert, liegt das Aufmerksamkeitsfeld 60 cm vor dem Richtungsfeld (siehe Abb. 44). Die Rippen des Richtungsfeldes zeigen in Querungsrichtung. Der seitliche Rand des Überquerungsbereiches muss bei schräger Querung oder bei mehreren hintereinanderliegenden Gleisen taktil ertastbar sein. Dies gilt grundsätzlich für alle Gleisüberquerungen nach EBO (Eisenbahn-Bau- und Betriebsordnung).

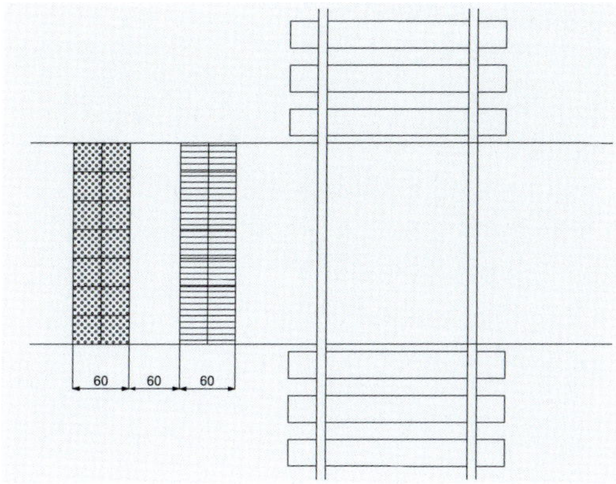

Abb. 44: Bodenindikatoren an einem ungesicherten Bahnübergang gemäß EBO nach DIN 32984, Bild 21

Bei Gleisüberquerungen nach Straßenbahn-Bau- und Betriebsordnung (BOStrab) ist aus Platzgründen eine solche Anzeige oft nicht möglich. Liegt die Gleisanlage in der Mitte oder direkt neben einer Straße, so kann die Querung in einem Zuge erfolgen und auf dem Gehweg als gesichert oder ungesichert angezeigt werden.

Ist eine Gleisquerung mit Umlaufsperren abgesichert, führt die untere Tastleiste des Geländers (0 bis 15 cm über dem Boden) zum Richtungsfeld. Ein Auffindestreifen ist deshalb nicht erforderlich (siehe Abb. 45).

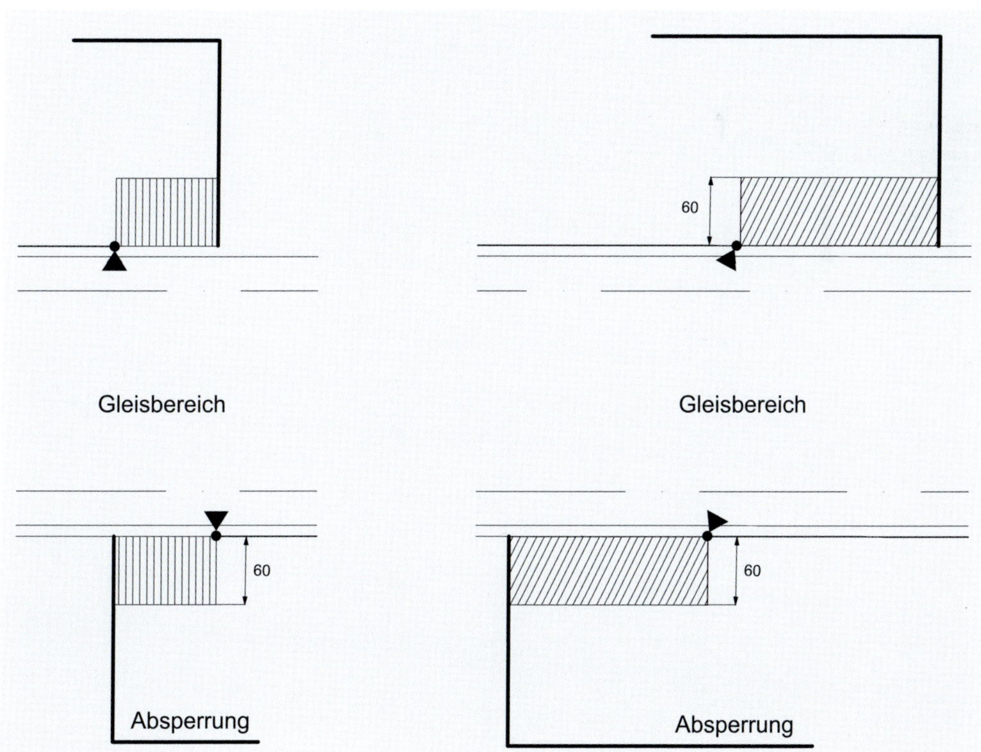

Abb. 45: Umlaufsperre vor Gleisquerung nach DIN 32984, Bild 22 (➔ Abb. 4.35)

5 Haltestellen (→ Kap. 5.2–5.5)

5.1 Bus- und Straßenbahnhaltestellen

Für blinde und sehbehinderte Menschen ist es bei Haltestellen zunächst am wichtigsten, sie selbst auffinden zu können und danach dann auch den Einstieg zu finden. Sofern nicht ein Leitsystem führt, wird auf die Haltestelle durch einen Auffindestreifen quer über die Gehbahn hingewiesen. Dieser Auffindestreifen besteht aus Rippen, die in Richtung der Gehbahn verlaufen (Auffindestreifen für seitliche Ziele).

Die Einstiegsstelle wird durch ein Einstiegsfeld markiert. Bei Bussen ist dies die erste Tür, weil hier bei Bedarf mit dem Fahrer kommuniziert werden kann. Wenn eine eindeutige Einstiegsstelle nicht markierbar ist – z. B. an Mehrfachhaltestellen mit unterschiedlichen Bus- oder Wagenlängen –, kann nur auf den Einstieg im ersten Fahrzeug hingewiesen werden; ansonsten muss ein Leitstreifen entlang der Bus-/Bahnsteigkante ausreichen. Dieser Leitstreifen markiert gleichzeitig einen Sicherheitsabstand von der Bus-/Bahnsteigkante (Abstand 60 cm). Er hilft, Abstand von der Bordkante zu halten, ist zur Orientierung aber nicht zwingend erforderlich (siehe Abb. 46 oben).

Bei Bushaltestellen, die nur schwach frequentiert sind, oder an schmalen Gehwegen (< 2 m) kann ein besonderes Einstiegsfeld entfallen (Abb. 46 unten). Ist der Leitstreifen parallel zum Bord vorhanden, kann auch er bei Annäherung auf die Nähe des Buseinstiegs hinweisen. Das Einstiegsfeld kann dann entfallen.

Untergeordnete Ziele wie Infosäulen oder auch Sitzbänke können als Abzweigung vom Leitstreifen entlang der Bus-/Bahnsteigkante angezeigt werden. Dies sollte aber nur maßvoll geschehen: Zu viele Ziele führen eher zur Verwirrung.

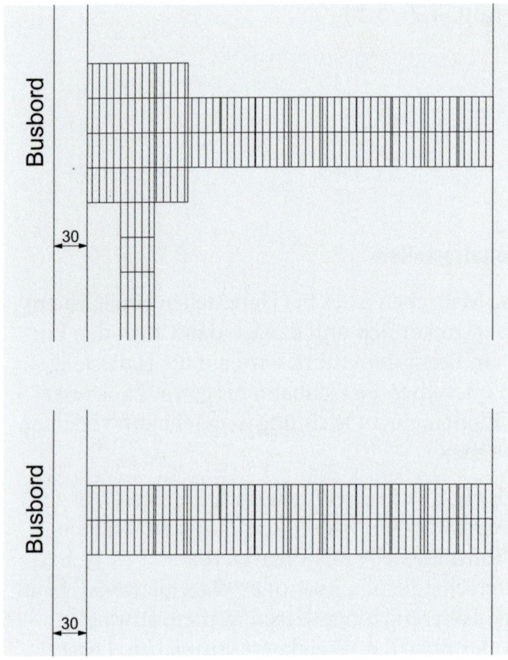

Abb. 46: Auffindestreifen für Bushaltestelle am Fahrbahnrand – oben mit Einstiegsfeld und Leitstreifen als Sicherheitsstreifen entlang der Bussteigkante – nach DIN 32984, Bild 23

Abb. 47 bis Abb. 52 zeigen mögliche Lösungen in der Praxis.

Abb. 47: Bushaltestelle in Groß-Gerau. Der Auffindestreifen führt von der Gehbahn zum Einstiegsfeld, der Wartebereich ist als Kontrastfläche dunkel ausgelegt.

Abb. 48 und Abb. 49: Bushaltestellen – in Trier mit dunklen und in Bad Homburg mit hellen Bodenindikatoren

Abb. 50: Bushaltestelle in einer verkehrsberuhigten Zone in Bad Wildungen. Der höher liegende Bussteig geht in die Gastronomie-Zone über. Der zugeordnete Querungsbereich ist durch einen Belagwechsel kenntlich gemacht.

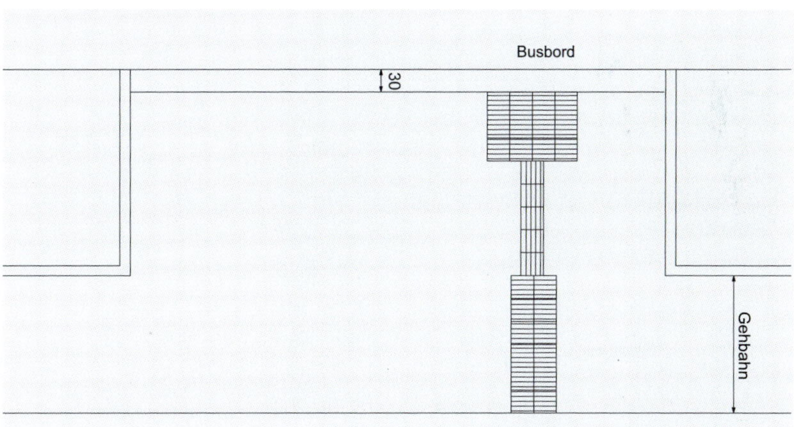

Abb. 51: Bei Haltestellen am vorgezogenen Kap oder bei Busbahnhöfen kann ein Leitstreifen zum Einstiegsfeld führen. Er beginnt an einem Auffindestreifen quer über die ganze Gehbahn (nach DIN 32984, Bild 24).

Abb. 52: Busbahnhof in Herborn mit Leitsystem zu den Einstiegsstellen. Gerade bei solchen nicht orthogonalen Anordnungen ist Orientierung nur mit einem Leitsystem möglich.

5.2 Überfahrbares Kap und Haltestelleninsel

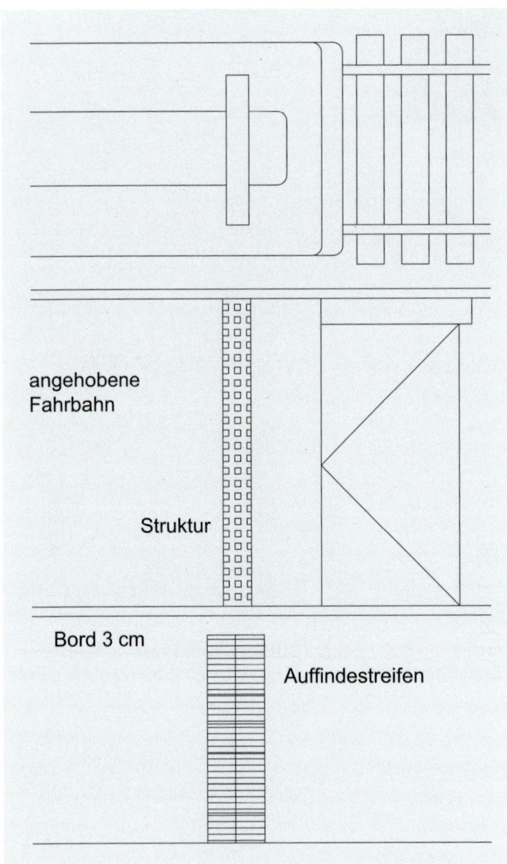

Abb. 53: Einstiegsstelle auf überfahrbarem Kap nach DIN 32984, Bild 25

Führt der Einstieg über ein überfahrbares, angehobenes Kap (meist bei Straßenbahnen), ist ein Einstiegsfeld nicht möglich. Vom Auffindestreifen sollte eine ertastbare Struktur dann zum Einstieg führen. Rippen oder Noppen sind auf Fahrbahnen allerdings nicht zulässig. Außerdem muss vermieden werden, dass die Struktur als Haltelinie nach Straßenverkehrs-Ordnung (StVO) interpretiert werden kann. Natürlich können auch akustische Signale helfen, die Einstiegstür zu finden.

Abb. 54: Führung über die angehobene Fahrbahn mit eingefrästen Rillen in Frankfurt. Voraussetzung ist allerdings eine feste Halteposition der Straßenbahn.

Bei Haltestellen mit besonderen Haltestelleninseln in Fahrbahnmitte wird auf dem Gehweg nur die Querungsstelle angezeigt. Auf der Insel selbst führt dann ein Leitstreifen mit 60 cm Abstand vom Bord weiter zum Wartebereich. Wenn die Einstiegspositionen fest sind, sollten sie mit Einstiegsfeldern markiert werden.

Ist der Bord höher als 35 cm, sollte das Einstiegsfeld exzentrisch vom Bord weg angeordnet werden (nach DIN 32984:2020:12, Abschnitt 5.5.4). Dabei werden im Bereich der Deutschen Bahn oder im S-Bahnverkehr in der Regel keine Einstiegspositionen angezeigt, weil sie hier kaum präzise anzufahren sind. Wirksam wird diese neue Regelung deshalb eher bei U- oder Stadtbahnen. Abb. 55 zeigt eine mögliche Lösung. Aufgrund der beengten Platzverhältnisse ist die Insel sehr schmal. Deshalb wichen die Planer in einigen Details von der Norm ab: Die Einstiegsfelder sind exzentrisch von der Bahnsteigkante abgewandt, stehen aber nur 30 cm über, weisen dafür eine Länge von 1,50 m auf. Die Überquerungsstelle konnte aus Platzgründen nur auf dem Gehweg, aber nicht auf der Insel als ungesichert angezeigt werden. Der Auffindestreifen rechts führt von einem Abzweigefeld zu einer Infosäule.

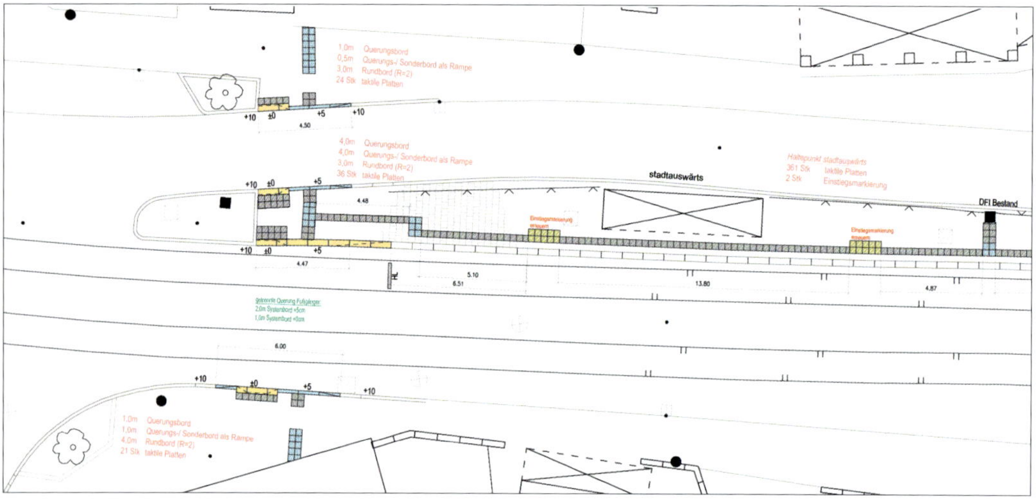

Abb. 55: Haltestelle in Mittellage (Quelle: Kasseler Verkehrs-Gesellschaft AG)

5.3 Bahnhöfe

Auf Bahnhöfen der Bundesbahn sind Einstiegsfelder wegen der variablen Haltepositionen nicht sinnvoll. Hier müssen die Leitstreifen parallel zur Bahnsteigkante ausreichen. Es kann hier ratsam sein, den Leitstreifen etwas weiter als 60 cm vom Bord weg zu verlegen, abhängig von den Platzverhältnissen und der Geschwindigkeit des Zugverkehrs. Zumeist ist der Leitstreifen dann Teil eines komplexeren Leitsystems, das zu Treppen, Aufzügen oder Ausgängen führen kann (siehe Abb. 56). Liegt ein einzelnes Ziel (eine Treppe, Infosäule oder ein Aufzug) nicht mehr als 2 m entfernt, reicht ein einfaches Abzweigefeld als Hinweis aus (siehe Abb. 57 und 62).

Abb. 56: S-Bahnhof in Frankfurt: Das Leitsystem führt vom Bahnsteig zum Aufzugstaster.

Abb. 57: S-Bahnhof in Frankfurt: Ein Abzweigefeld im Leitstreifen weist auf die nahe Treppe hin.

6 Niveauwechsel

6.1 Treppen (➔ Kap. 3.1.1)

Hochstehende Kanten oder Stufen sind mit dem Langstock immer gut zu ertasten. Abfallende Kanten lassen sich von oben aber nur schwer ertasten und können leicht überlaufen werden. Natürlich ist bei Treppen von oben auch die Fallhöhe größer. Deshalb ist unterhalb von Treppen ein Aufmerksamkeitsfeld nicht unbedingt erforderlich, aber oberhalb und ebenso bei steilen Rampen (≥ 6 %) muss vor dem obersten Auftritt immer ein Aufmerksamkeitsfeld angeordnet werden. Das gilt auch für Einzelstufen, auslaufende Stufen oder Schleppstufen sowie bei tieferen Zwischenpodesten über 3,50 m Länge, weil hier die Treppenanlage oft nicht mehr als Einheit wahrgenommen wird.

Im öffentlichen Raum benötigen alle Stufen eine Stufenkantenmarkierung (vgl. DIN 18040-3, Abschnitt 5.4.4). Diese muss auch auf der untersten Stufe von oben auf dem Hintergrund des unten anschließenden Bodenbelages erkennbar sein.

Am unteren Ende von Treppen sind Aufmerksamkeitsfelder nur dann erforderlich, wenn die Treppe Element eines Leitsystems ist oder wenn sie nicht ohne diesen Hinweis aufgefunden werden kann, z. B. durch die Form der Gehbahnbegrenzung. Dann muss unten nach DIN 32984:2020-12 (Abschnitt 5.7.1 und Bild 33) das Aufmerksamkeitsfeld mit Noppen aber 60 cm von der untersten Stufe abgerückt werden, damit die letzte Stufenkantenmarkierung und damit das Treppenende von oben deutlich visuell erkennbar ist (siehe Abb. 58 und Abb. 59).

Bisher war diese Regelung in der DIN 32984 nicht deutlich formuliert. Es hieß lediglich, Scheinstufen seien zu vermeiden. Dabei ging es hier umgekehrt eigentlich um eine nicht erscheinende Stufe. Mit der jetzigen Regelung ist jedoch klar: Die unterste Stufenkantenmarkierung muss deutlich sichtbar sein.

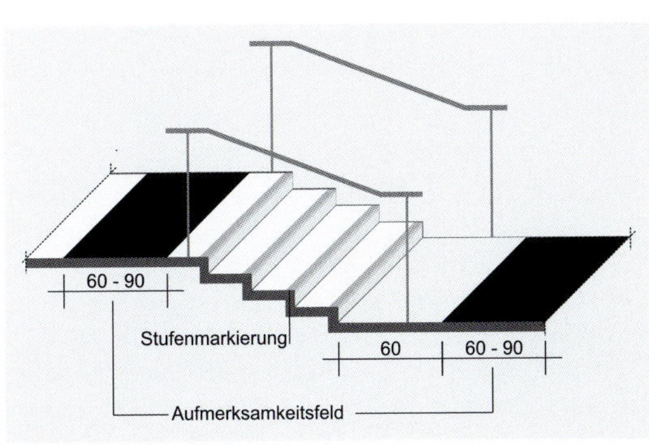

Abb. 58: Aufmerksamkeitsfeld am unteren Ende einer Treppe, Abstand 60 cm nach DIN 32984:2020-12, Bild 33 (Nach Metlitzky/Engelhardt, 2021, Abb. D 3.17)

Abb. 59: Diese Stufenkantenmarkierung ist vor dem Hintergrund des Aufmerksamkeitsfeldes von oben nicht sichtbar.

Sind Treppen in ein Leitsystem eingebunden, enden die Leitstreifen ober- und unterhalb in einem Aufmerksamkeitsfeld.

Handläufe haben eine wichtige Leitfunktion. Der waagerechte Abschnitt an beiden Enden hilft, Anfang und Ende der Treppe zu erkennen. Bei Treppen bis zu 3 m Breite kann der Leitstreifen in die Treppenmitte führen (siehe Abb. 60). Bei Treppen über 3 m Breite müssen Bodenindikatoren zu den Handläufen führen wie in Abb. 61 (vgl. DIN 32984, Abschnitt 5.7.1).

Bei mehr als 12 m Breite ist ein zusätzlicher Handlauf in der Mitte erforderlich. Leitsysteme führen dann auf diesen mittleren Handlauf. So ist immer gewährleistet, dass man sowohl mit der linken wie mit der rechten Hand dem Handlauf folgen kann.

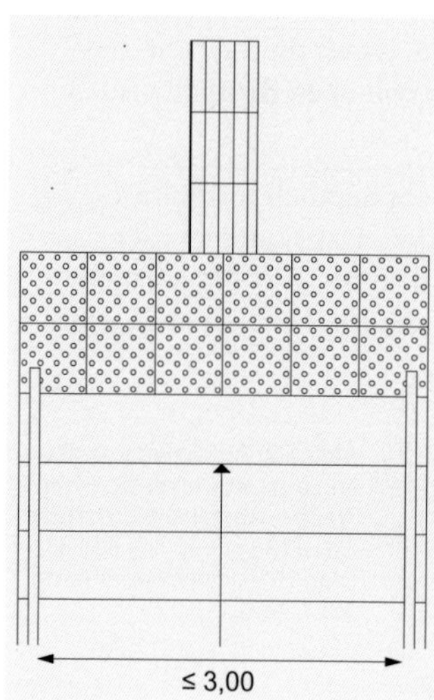

Abb. 60: Bodenindikatoren als Führung zu Treppenabgang – Treppe bis 3 m Breite nach DIN 32984, Bild 34 b

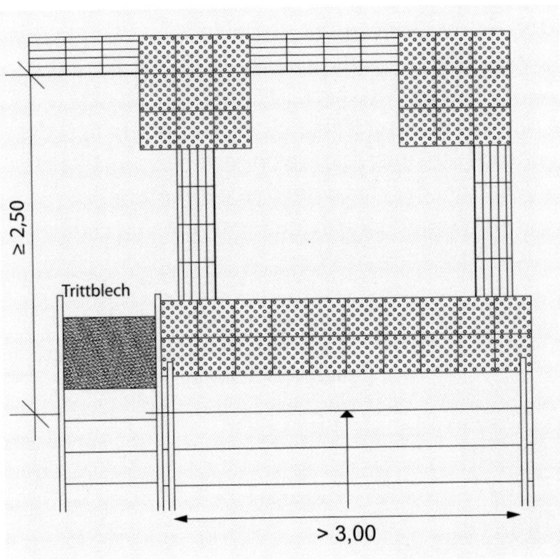

Abb. 61: Bodenindikatoren als Führung zu Treppenabgang – Treppe über 3 m Breite nach DIN 32984, Bild 34 a

Verläuft das Leitsystem quer vor einer Treppe oder einem Aufzug, muss immer ausreichend Platz davor sein, besonders vor dem Auslauf von Rolltreppen, um unangenehme Begegnungen mit wartenden oder querenden Passanten zu vermeiden. Die DIN 32984 nennt oberhalb von Treppen einen Mindestabstand von 2,50 m zur obersten Setzstufe, unterhalb 2,70 m Mindestabstand zur untersten Setzstufe. Im Grunde geht es aber weniger um den Abstand zur Setzstufe, sondern es muss ausreichend Platz sein zwischen der seitlichen Führung der Treppe, ihrer Einhausung, dem Handlauf o. Ä. und dem quer laufenden Leitstreifen (siehe Abb. 61).

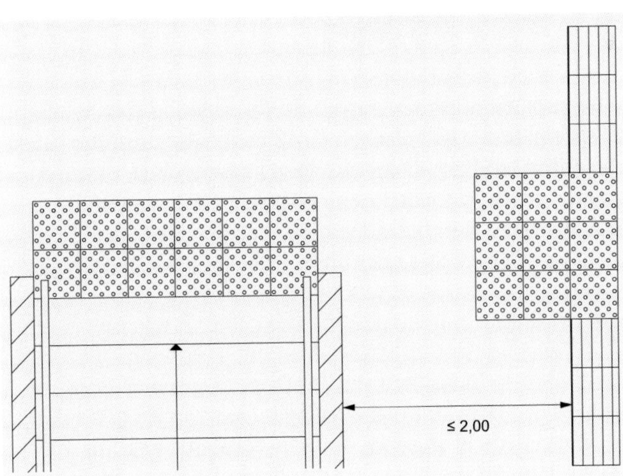

Abb. 62: Bodenindikatoren zu Treppenabgang seitlich eines Leitstreifens nach DIN 32984, Bild 34 d

Viele Blinde und Menschen mit Sehbehinderung nutzen auch Rolltreppen. Dies ist allerdings nur gefahrlos möglich, wenn die Treppen nicht die Laufrichtung wechseln. Um die Nutzung zu erleichtern, werden Blinde und Sehbehinderte am besten an den Handlauf zwischen der Rolltreppe und der begleitenden festen Treppe geführt. Ist keine feste Treppe vorhanden, kann ein Leitstreifen zum Trittblech führen, das dann die Funktion eines Aufmerksamkeitsfeldes erfüllt. In Leitsystemen kann auch ein Abzweigefeld auf die Rolltreppe hinweisen (siehe Abb. 63).

Abb. 63: S-Bahn Leipzig: Ein Abzweigefeld im Leitsystem weist auf die Rolltreppe hin.

Zusätzliche Hinweise zur Orientierung können an Handläufen stehen, oben in erhabener Prismenschrift mit lateinischen Großbuchstaben, auf der Rückseite des Handlaufs in Brailleschrift. Dabei ist davon auszugehen, dass der rechte Handlauf genutzt wird. Am Antritt einer Treppe wird am rechten Handlauf darauf hingewiesen, wohin die Treppe führt; am Austritt sollten sich Hinweise finden, wohin es rechts oder links gegebenenfalls weitergeht.

6.2 Aufzüge (→ Kap. 3.1.2)

Für blinde und sehbehinderte Menschen sind Aufzüge zwar einerseits bequem, andererseits aber relativ komplexe Anlagen. Sie müssen gefunden, angefordert, betreten und bedient werden. Eine Aufzugsfahrt beginnt mit der Anforderung des Aufzugs. Deshalb führen Bodenindikatoren nicht zur Aufzugstür, sondern zum Anforderungstaster. Die Bodenindikatoren können als Auffindestreifen quer über einen Weg oder Gang angeordnet werden, mit Rippen in Wegrichtung (siehe Abb. 10). Ist ein Leitsystem vorhanden, führt ein Leitstreifen zum Taster (siehe Abb. 64). Grundsätzlich sollte der Aufzug links vom Taster sein. Sonst kann ein kleines Noppenfeld auf die Seite hinweisen, an der sich die Aufzugstür bzw. -türen befinden.

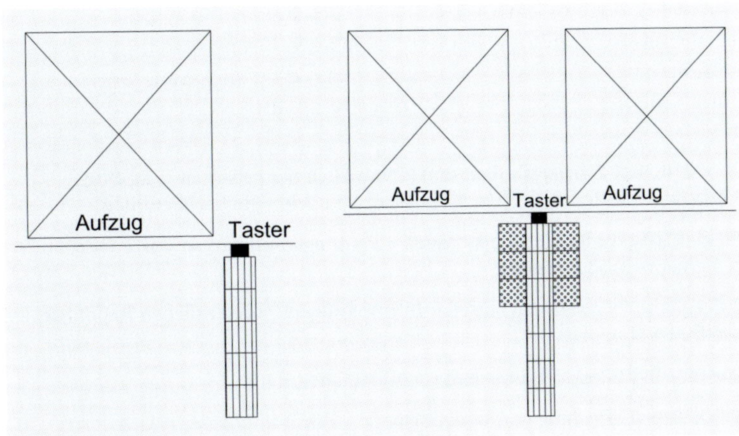

Abb. 64: Leitstreifen zum Auffinden eines Aufzugs bzw. einer Aufzugsanlage nach DIN 32984, Bild 36

Abb. 65: Das Leitsystem führt zum Anforderungstaster des Aufzugs in Frankfurt. Bei unterirdischen Anlagen wird der Platz oft eng.

7 Normen, Rechtsvorschriften und Literatur

Normen

DIN EN 17210:2021 Barrierefreiheit und Nutzbarkeit der gebauten Umgebung – Funktionale Anforderungen (Deutsche Fassung noch nicht veröffentlicht)

DIN 18040-3:2014-12 Barrierefreies Bauen – Planungsgrundlagen. Teil 3: Öffentlicher Verkehrs- und Freiraum

DIN 32975:2012-07 Gestaltung visueller Informationen im öffentlichen Raum zur barrierefreien Nutzung

DIN 32984:2020-12 Bodenindikatoren im öffentlichen Raum

DIN 51130:2014-02 Prüfung von Bodenbelägen – Bestimmung der rutschhemmenden Eigenschaft – Arbeitsräume und Arbeitsbereiche mit Rutschgefahr – Begehungsverfahren – Schiefe Ebene

Rechtsvorschriften

DB Station&Service AG, Richtlinie 813 „Personenbahnhöfe planen", insbes. 81303 „Personenbahnhöfe planen; Wegeleit- und Informationssysteme"

[EBO] Eisenbahn-Bau- und Betriebsordnung v. 08.05.1967, Bundesgesetzblatt II, S. 1563, zuletzt geändert durch Artikel 1 der Verordnung vom 5.4.2019

Forschungsgesellschaft für Straßen- und Verkehrswesen (FGSV), Technische Prüfvorschriften für Griffigkeitsmessungen im Straßenbau, Teil: Messverfahren SRT, FGSV-Nr.: 408/2

[BOStrab] Verordnung uber den Bau und Betrieb der Straßenbahnen (Straßenbahn-Bau- und Betriebsordnung) v. 11.12.1987, Bundesgesetzblatt I, S. 2648, zuletzt geändert durch Artikel 1 der Verordnung vom 1. Oktober 2019

Literatur

Metlitzky, N.; Engelhardt, L.: Atlas barrierefrei bauen, Köln: Verlagsgesellschaft Rudolf Müller GmbH & Co. KG, 2021

Bordsteinkanten mit einheitlicher Bordhöhe und Bodenindikatoren an Überquerungsstellen. In: Berichte der Bundesanstalt für Straßenwesen Bergisch Gladbach 2014, Heft V242, https://bast.opus.hbz-nrw.de/opus45-bast/frontdoor/deliver/index/docId/793/file/V242_Barrierefrei.pdf [Zugriff: 03.06.2021]